徽州建筑
文化艺术赏析

徐俊 著

中国电力出版社
CHINA ELECTRIC POWER PRESS

宏村
P·H 2012·10

内 容 提 要

徽州古建筑是中华建筑文化之瑰宝，始于宋代，盛极于明清，在国内乃至世界享有盛誉。作者每年都前往徽州写生采风，循着徽州建筑文化的脉络，触摸到了徽州古村落在中国传统风水方面的奇妙实践。其村落集合之丰富，内外空间组织之精致，绿化、水池与建筑安排之巧妙，建筑形态之清新高雅，砖雕、石雕、木雕之精湛，均受世人称颂。本书在用优美细腻的文字展现徽州村落独特景观的同时，用大量精美的图片呈现出了理想的人居环境与自然和谐的山水意境。让读者在纯美的享受中感受到徽州古村落的韵律和魅力，并且了解到数百年来它们是如何在外观整体性和美感上始终延续典雅隽永特色的奇迹，吸引着中外游客。

图书在版编目（CIP）数据

徽州建筑文化艺术赏析/ 徐俊著 . — 北京 ： 中国电力出版社，2018.5（2021.7 重印）
ISBN978-7-5198-1836-4

Ⅰ . ①徽… Ⅱ . ①徐… Ⅲ . ①古建筑-建筑艺术－徽州地区 Ⅳ . ① TU-092

中国版本图书馆 CIP 数据核字（2018）第 045579 号

出版发行：中国电力出版社
地   址：北京市东城区北京站西街 19 号（邮政编码 100005）
网   址：http://www.cepp.sgcc.com.cn
责任编辑：乐 苑（010-63412380）
责任校对：王小鹏
责任印制：杨晓东

印   刷：河北鑫彩博图印刷有限公司
版   次：2018 年 5 月第 1 版
印   次：2021 年 7 月北京第 2 次印刷
开   本：710mm×1000mm 16 开本
印   张：7.75
字   数：210 千字
定   价：48.00 元

前言

徽州文化，又称"徽文化"，是中国三大地域文化之一（敦煌文化、徽派文化、藏文化），也是中国传统文化的重要组成部分。当下政治上大力提倡的"德治"和经济活动中讲求的"诚信"都是徽州文化的精髓。作为徽州文化重要内容的徽派建筑，是中国最有名的古建筑之一，在中国乃至世界建筑史上均占有举足轻重的地位。它尊重自然，崇尚和谐人居的精神，集山川风景之灵气，融风俗文化之精华，风格独特，结构严谨，雕镂精湛，建筑风格独树一帜，并流传数百年。

作者多年从事徽派建筑的研究，数次前往安徽，从实地考察到古书翻阅，一丝不苟，兢兢业业，尽善尽美，编写了本书。本书的最大特点是：图文并茂、雅俗共赏。除了建筑学专业，建筑规划和设计、建筑历史和建筑技术、园林和室内设计等，旅游专业以及地域人文、经济等各方面的专家学者，或者文艺爱好者都不妨读一读本书。

限于时间和作者水平，谬误和不妥之处在所难免，敬请广大读者提出意见和建议，以便进一步修订。

作　者
2017 年 10 月 20 日
湖北工业大学

目录

前言

第一章 徽州历史建筑 ··· 001

    第一节 徽州历史建筑概念 ······································· 002

    第二节 徽州历史建筑特点 ······································· 004

第二章 徽州建筑的历史成因及演变 ··············· 017

    第一节 徽州建筑的发展及演变 ······························· 018

    第二节 徽州建筑的形成因素 ··································· 020

    第三节 徽州建筑的背景 ··· 022

    第四节 徽州古村落的发展 ······································· 024

    第五节 徽州古村落的发展概况 ······························· 025

    第六节 徽州民居的形成受到的不同文化的影响 ··········· 028

    第七节 儒文化对古村落的渗透与表现 ······················ 031

    第八节 徽商文化与古村落的融合 ···························· 037

    第九节 西方文化对古村落的影响 ···························· 038

第三章　徽州历史建筑风格特色⋯⋯⋯⋯⋯⋯⋯⋯041

第四章　徽州历史建筑样式⋯⋯⋯⋯⋯⋯⋯⋯⋯053

　　第一节　民居外部造型⋯⋯⋯⋯⋯⋯⋯⋯⋯⋯054

　　第二节　民居内部空间⋯⋯⋯⋯⋯⋯⋯⋯⋯⋯064

　　第三节　徽州"三雕"艺术⋯⋯⋯⋯⋯⋯⋯⋯068

第五章　徽州古村落建筑文化⋯⋯⋯⋯⋯⋯⋯⋯095

第六章　徽州历史建筑艺术欣赏⋯⋯⋯⋯⋯⋯103

第一章

徽州历史建筑

第一节　徽州历史建筑概念

徽州地区的土著是"古越人"，他们是先秦时期就生活在长江中下游以南地区的一个古老的民族，居住特征是"巢居"。自汉代开始，中原土族大规模向徽州地区移民，带去了中原汉文化，并且后来汉文化反客为主，成为徽州文化的主流。但是汉文化并没有完全取代越文化，更没法脱离越文化生长的人文观念和历史地理环境。现今保留下来的徽州古民居，正是这种古越人巢居建筑——干栏木楼和北方四合院结合的产物。保存至今的徽州古民居主要是明清时期的民宅，主要分布在今安徽省的歙县、黟县、休宁县、绩溪县、黄山市及江西省婺源县，这些地区明清时同属徽州府辖区。

　　徽州历史建筑是中国封建社会后期成熟的历史建筑流派之一，人的生活是居住建筑艺术的母体，作为影响生活的传统习惯和风土人情是决定居住建筑艺术的重要因素。民居建筑作为一种文化的物质载体，它往往以一种物质文化的存在形式展现在我们面前，是一种格式化了的、社会认同的模式。并且它不同程度地表现出一个地域所特有的文化心理结构，包括社会思想意识、审美情趣追求、价值取向等方面的深层文化心理反映。

　　每个地方有每个地方的区域文化，即有其独有的文化特征和气质，作为极具个性特征的文化现象。

　　徽州民居群落深深植根于当地独特的文化土壤，拥有其独特的历史和文化渊源。其深厚的历史积淀和独特的文化理念，充分体现了徽州地区人文荟萃的文化环境氛围，造就了别具韵味的民居形态。

徽州民居建筑语言形式与民居建筑文化,反映了其植根于汉族"礼制"文化为基础,依靠明清时程朱理学为历史背景而形成的独特文化特色。同时,它更多地表达了居住者本身对于生存环境的能动作用和态度,反映了人们的愿望、需要和抱负。

第二节　徽州历史建筑特点

在徽州无论是整个村落的布局,还是单栋建筑的空间、结构,无不体现着因地制宜、依山就势、相地构屋的营建思想以及"天人合一"的哲学思想。从徽州民居的选址、平面布局等方面对徽州民居进行大体介绍,并特别介绍徽州民居中的天井、大门、马头墙以及雕刻装饰,以求较全面地描述出徽州民居的建筑特点。

　　民居、祠堂、牌坊,被誉为"徽州三绝"。明朝中叶以后,徽商崛起,雄据中国商界。致富后的徽州商人,将大量资本投入家乡,其中重要的一项就是对建筑的投入。他们修祠堂,建宅第,造园林,竖牌坊,架桥梁,盖路亭,给徽州的乡村面貌带来了巨大变化。

　　徽州建筑的特色主要体现在村落民居、祠堂庙宇、牌坊和园林等建筑实体中。其风格最为鲜明的是大量遗存的传统民居村落,从选址、设计、造型、结构、布局到装饰美化都集中反映了徽州的山地特征、风水意向和地域美饰倾向。

　　徽州村的选址大多严格遵循中国传统风水规则进行,山水环抱,山明水秀,追求意境的人居环境和山水意境,被誉为"中国画里的乡村"。受传统风水"水为财源"观念的影响,寄命于商的徽州人尤其重视村落的"水口",构建了一些独具特色的水口园林。徽式宅第结构多为多进院落式集合形式(小型者多为三合院式),体现了徽州人"聚族而居"的特点。朝向一般均坐北朝南,依山面水,讲求风水价值。布局以中轴线对称分列，面阔三间，中为厅堂，两侧为厢房，厅堂前方称天井，采光通风。院落相套，造就出纵深自足性家庭的生活空间。民居外观整体性和美感很强，高墙封闭，马头翘角，墙线错落有致，黑瓦白墙，色泽典雅大方。装饰方面，清砖门罩、石雕漏窗、木雕楹柱与建筑物融为一体，使房屋精美如诗，堪称徽式宅第的一大特色。徽州的祠堂和牌坊也是徽州建筑中的重要建筑形式。村皆有祠，祠一般均规模宏大，富丽堂皇。而散缀各地的各式牌坊，则是古代徽州人文景观的重要组成部分。

作为传统的建筑流派，徽州建筑一直保持着融古雅、简洁、富丽于一体的独特艺术风格。具有徽州风格的砖雕、石雕、木雕三种民间雕刻工艺简称为"三雕"。徽州"三雕"以歙县、黟县、婺源县

最为典型，保存也相对较好。主要用于民居、祠堂、庙宇、园林等
建筑的装饰，以及古式家具、屏风、笔筒、果盘等工艺雕刻。"三雕"
的历史源于宋代，至明清达极盛。明代雕刻粗犷、古朴，一般只有
平雕和浅浮雕，借助于线条造型，而缺乏透视变化，但强调对称，
富于装饰趣味。清代雕刻细腻繁复，构图、布局吸收了新安画派的
表现手法，讲究艺术美，多用深浮雕和圆雕，讲究镂空效果，有的
镂空层次多达十余层，亭台楼榭，树木山水，人物走兽，花鸟虫鱼
集于同一画面，玲珑剔透，错落有致，层次分明，栩栩如生，显示
了雕刻工匠高超的艺术造诣。

　　砖雕是徽州盛产的质地坚细的青灰砖经过精致的雕镂而形成的
建筑装饰，广泛用于徽州风格的门楼、门套、门楣、屋檐、屋顶、

屋瓴等处，使建筑物显得典雅、庄重。它是明清以来兴起的徽州建筑艺术的重要组成部分。砖雕有平雕、浮雕、立体雕刻，题材包括翎毛花卉、龙虎狮象、林园山水、戏剧人物等，具有浓厚的民间色彩。徽州砖雕的用料与制作极为考究。歙县博物馆藏有一块灶神庙砖雕，见方仅尺的砖面上，雕刻着头戴金盔、身披甲胄、手握钢铜的圆雕菩萨，据考证这块精美绝伦的砖雕动用了 1200 名工匠，堪称徽州砖雕艺术的经典作品。

石雕在徽州城乡分布广泛，类别亦多，主要用于寺宅的廊柱、门墙、牌坊、墓墙等处的装饰，属浮雕与圆雕艺术，享誉甚高。徽州石雕题材受雕刻材料本身限制，不及木雕与砖雕复杂，主要是动植物形象、博古纹样和书法，至于人物与山水则较为少见。在雕刻风格上，浮雕以浅层透雕与平面雕为主，圆雕整合趋势明显，刀法融精致于古朴大方，没有清代木雕与砖雕那样细腻烦琐。

徽州山区盛产木材，建筑物绝大多数是砖木结构，尤以使用木料为多，成了木雕艺人的用武之地。徽州木雕用于旧时建筑物和家庭用具上的装饰，遍及城乡，其分布之广在全国屈指可数。宅院内的屏风、窗楹、栏柱，日常使用的床、桌、椅、案和文房用具上均可一睹木雕的风采，几乎是无村不有。徽州木雕的题材广泛，有人物、山水、花卉、禽兽、虫鱼、云头、回纹、八宝博古、文字锡联，以及各种吉祥图案等。徽州木雕是根据建筑物主体的部件需要与可行性，采用圆雕、浮雕、透雕等表现手法。明代初年，徽州木雕已初具规模，雕风拙朴粗犷，以平面淡浮雕手法为主。明中叶以后，随着徽商财力的增强，炫耀乡里的意识日益浓厚，木雕艺术也逐渐向精雕细刻过渡，多层透雕取代平面浅雕成为主流。

1. 选址

徽州人将选址规划看作宗族发达、人丁兴旺的关键，他们在尊

重自然、顺应自然的基础上，总结出"枕山、环水、面屏"的理想
聚居模式，这在我们现在看来也是山地丘陵地区村落选址的最佳
模式，蕴含着一定的科学道理。比如，坐北朝南可以获得充沛的
自然日照和开阔的视野；近水可得自然水系灌溉、洗涤、防火等；
封闭的环境既有利于阻挡冬季寒流的侵袭，在夏日也可以获得穿
堂风等。

2. 平面布局

徽州地狭人稠，在居住条件上追求实用、舒适、安全，房屋
主要以中型住宅居多。建筑讲究负阴抱阳，依山就势，靠近水源，
因地制宜，有平地则聚，无平地则散。房屋平面布局的基本单位
是三合院或四合院，中央为天井。此外有的住宅在正房后加天井，
有的在天井后再加楼房，但这些归根结底都是三合院与四合院的
变种。

　　三合院分为两类，大三合和小三合，也称大三间和小三间。大三合院是由上房三间、两厢房各一间及天井组成。与三间上房相对隔天井用高墙封闭起来，墙上开大门。三间上房楼下明间为厅堂，两次间是卧室。楼梯在太师壁后，前檐柱与前金柱间有高而宽的前廊步。大多数人家在一个敞厢设门，通厨房和杂房等。小三合院与大三合院的区别仅在于上房没有廊步，而其他做法基本相同。

　　四合院即在三合院的基础上与三间上房相对隔天井建三间下房，即四面房屋围合一个天井，形成一个封闭的口字形。大四合院的上房三间，明间厅堂称上房，下房三间，明间厅堂称下厅，大门开在下厅。上房进深大，做前廊步，下房不做前廊，进深略浅。上房高于下房，前低后高，称"步步高"，以求吉祥，上、下厅两侧次间均为卧室。下厅中设橙门，亦称照壁门，一般在上房前廊某侧设门通别厅、厨房和杂房……

3. 天井

宅院中房屋与房屋（或围墙）围合成的露天空地即天井，它是由中原四合院收缩而成。天井是徽州民居的中心，通常住宅内天井横长 4.2 ~ 5.4m，纵横约 1.4m，明清时，一般都在天井当中用石板垒砌出一方水池，深浅不一，有时还用雕花石栏杆把水池围起来，从实用的角度讲，水池具有下泄雨水的作用。天井还具有采光通风的作用，因为在徽州民居中一般不在墙上开窗，即便开窗也很小，房屋采光、通风主要靠天井。

（1）徽州天井的样式

第一种样式：四面都是住宅楼房围成的长方形天井。

第二种样式：一面厅堂与两侧厢房与一面高墙围成的长方形天井。

第三种样式：一面厅堂与三面高墙围成的庭院式长方形天井。

第四种样式：一面厅堂与两面高墙围成的三角形天井。

（2）徽州天井成因

1）为了采光。

中原的四合院式建筑＋徽州本土的干栏式建筑＝防盗、防潮、防兽的高墙、深宅、无外窗的"四水归堂式"建筑。

2）为了通风。

徽州民居又多高层、深宅且无外窗，依赖天井通风。

3）为了聚财。

"暴室能聚财""肥水不外流，财气聚家中"。

4）为了聚族而居。

徽州人讲究聚族而居，"民不染他姓"。

5）为了顶天立地、天人合一。

徽州是徽商的发源地，徽州民居的建筑文化中每每打上徽商的烙印。徽商一方面"雄踞神州半壁江山"，富甲天下；另一方面，在

外边又被"重农抑商"的桎梏所压制着，于是在家中设置个天井，既获"天人合一"之灵气，又有"顶天立地"之满足，这与徽州民居厅堂两侧的"商"字梁的设置有异曲同工之妙。

从风水上讲，天井是住宅内部风水的归属。四面屋顶的雨水都流向天井，称为"四水归堂"，象征四方之财源源不断集中到家里来。甚至天井中的水池下泄雨水也是寓意财气完全蓄积在家中不外泄。

4. 大门

作为住宅总出入口的大门一般开在中轴线上，大多数住宅全宅仅开一个大门，不设后门，也有的另开一门与大门并列。徽州民居十分讲究门的朝向，一般向东、西、北开门，即使由于客观原因非向南不可，也要向旁偏一些不向正南。据说这一现象的形成与徽州人经商的传统有关。

比较讲究的门的做法有两种：一种是用斜方形水磨砖块平铺在木板表面，在中央或四角用圆头铁钉钉住；另一种是用铁皮把整个大门包全，用圆头铁钉布满。门上所用门环多为铁制，有的锤打成花朵样式。一般正门有里、外两层门扇，门扇外侧贴地建有门槛。大门上建有门楼，门楼的样式很多，主要可分为垂花门式和字牌门式。垂花门式的主要特征是有一对垂花柱，上下枋之间有牌。字牌门式没有垂花柱。正门的门额上常题写字牌表明宅主身份、文化修养或题吉祥字。

5.雕刻装饰

徽州民居中的雕刻装饰也是一大特点。徽州民居的雕刻材料有砖、石、木三种，相应形成砖、石、木三雕艺术。徽雕雕刻手法主要有平雕、浮雕和透雕三种。雕刻图案取材丰富，体现着宅主及雕刻艺人对现实生活的态度和向往以及理想境界，主要可分为以下几类：

（1）动物题材图案。有狮、虎、牛、羊、马、猪、狗、兔、猴、松鼠等多种动物。

（2）花卉树木图案。有梅、兰、竹、菊"四君子"，松、柏、牡丹、荷花、石榴、桃等图案。松柏是常青植物，象征人生命长久；石榴因为果实攒聚一团，象征子孙繁盛；牡丹象征富贵等。

（3）山水、人物乃至戏文、说唱故事的情节也被徽州人描绘、镌刻成装饰图案。

第二章

徽州建筑的历史成因及演变

徽州民居是指徽州地区的具有徽州传统风格的民居，也称徽派民居，是实用性与艺术性的完美统一，它是在特定的时空中受多种因素的影响而产生。因此，我们要全面了解徽州民居，不仅要认识其建筑特点，还要探究其形成的诸多因素。徽州建筑的形成过程，受到了徽州独特的历史地理环境和人文观念的影响。

第一节　徽州建筑的发展及演变

徽州原来是古越人的聚居地，其居住形式为适应山区生活的"干栏式"建筑。中原士族的大规模迁入，不仅改变了徽州的人口数量和结构，也带来了先进的中原文化。中原文化与古越文化的交流融合，直接体现在建筑形式上。早期徽州建筑中典型的"楼上厅"形式，楼上厅室特别宽敞,是人们日常活动及休憩之处。这是因为山区潮湿,为了防止瘴疬之气,而保留了古越人"干栏式"建筑的格局。同时,由于大量移民的涌入,地狭人稠,构建楼房也成为最佳选择,但多依山就势,局促一方,为解决通风光照问题,中原的"四合院"形式又演变成为适应险恶的山区环境,既封闭又通畅的徽州"天井"。

明朝中叶以后,徽商崛起,成为我国封建社会中晚期商贾大帮之一。致富后的徽州商人为光宗耀祖、炫耀乡里而大兴土木,将大量资本投入家乡,其中重要的一项就是对建筑的投入。他们修祠堂,建宅第,造园林,竖牌坊,架桥梁,盖路亭,给徽州的乡村面貌带来了巨大变化。

这些历史建筑风格独特，布局合理，装饰精致，变化自然，具有纯正天然的乡土气息；加之徽州民间向来就有雕刻、绘画传统，砖雕、木雕、石雕别具一格；同时由于"贾而好儒"的特点，具有很高文化素质的徽商们在建筑中注入了自己对住宅布局、结构、内部装饰、厅堂布置的看法，促使徽州建筑逐渐形成风格独特的建筑体系，使徽州建筑不仅具有实用性，还蕴含丰富的文化内涵。在外来文化与原住文化的交融过程中，徽州建筑风格一步一步地形成了。

第二节　徽州建筑的形成因素

徽州民居的形成与徽州地区的自然环境、历史渊源，特别是明

清时期徽商的崛起有密切关系。从自然环境看，徽州地区山多林密，
有烧制砖瓦所需的土壤和建房所用的优质木材，取之方便，价格便宜，
解决了建造砖木结构的住宅的材料问题；从历史渊源看，自汉代以来，
大批中原士族迁居此地，带来了中原文化和北方四合院的建造模式，
他们将四合院的建造方法与当地古越族的"干栏式"建筑相融合，
不断修改，不断总结经验，产生了既有北方院落特点又与徽州自然
环境相适应的民居形式。

明清时期徽商的崛起对徽州民居的形成也起到了促进的作用。徽商经商所得钱财，用于购置土地，助修祠堂书院，助饷赈灾，兴水利筑道路，抚孤恤贫，投资产业以及自身的消费。在家乡广建美宅，就是满足个人及其亲属的消费中必不可少的一项，由此对徽州民居的形成起到了促进的作用。从上述可以看出，在徽州民居的形成过程中，徽商扮演了重要的角色，是他们用自己的财力克服了种种不利，利用各种有利条件建造出优美的徽州民居。

第三节　徽州建筑的背景

1. 地理位置

徽州，简称"徽"，古称歙州、新安。古徽州一府六县，即歙县、黟县、休宁、祁门、绩溪、婺源，府治在歙县，前四个县在现今的安徽省黄山市，绩溪县今属安徽省宣城市，婺源县今属江西省上饶市。徽州是浙江省早期雏形浙江西道的一部分，也是康熙六年（1667年）江南省分治后安徽之"徽"的来源，"江南左"取安庆府、徽州府的首字，称为安徽省。

2. 自然环境

徽州境内有山、丘、河、冲积小平原四种地貌，山地与丘陵面积大，人口聚集盆地面积小，农田面积小（选址、空间、布局、防火）。

3. 气候特征

亚热带湿润季风气候，炎热多雨而潮湿（空间组成），此原为古越人的聚居地，其居住形式为适应山区生活的"干栏式"建筑。徽州地区富有杉树、枫树、楠木、樟树青檀树、杜仲树、棕榈等建筑材料。

4. 历史人文

四次北方强宗大族南迁（文化基础）导致土地贫乏，开始从商（明朝弘治、正德年间）→兴盛时期（清朝嘉庆）→衰落（清朝咸丰）徽州建筑大多是明清两代的，明代年大多有气势，朴实，大方；清代华丽，烦琐儒商并重，求仕求财，反映程朱理学，风水观念，道法自然（思想）。

第四节　徽州古村落的发展

徽州古村落的成因及特征

徽州，汉称"山越"。原住民称"山越人"。汉时，称"山越"文化，根据出土文物、专家考证，那时，徽州已为"山越人"聚居地，有村落存在，农业作物、山货、植物是其主要生活依赖。汉以后，西晋、唐末、南宋三个历史时期，是我国历史上三次较大的人口大迁移时期。西晋时期，因政局动荡，战争频繁以及中原自然资源的逐步匮乏，发生了中原第一次人口大南迁。唐末安史之乱，战乱再起，为了远离动荡而南迁避难，是中原第二次人口大南迁。南宋末年，皇帝昏庸朝廷腐败软弱，蒙古人大举南下，灭宋建元，造成了中原人口的第三次大迁移。因徽州山灵水秀，气候宜人，资源丰富，交通闭塞，正是安全、理想的聚居场所，故三次人口南迁，选择徽州定居者甚多，造成了徽州人口的急剧增长，强烈地冲击了"山越"原始定居村落，形成了徽州特色的移民型村落。当然，南迁的缘由有祖上在徽做官，后定居于此，于是举家南迁守庐的；也有因任职于徽，深感徽州的环境宜人，民风纯朴而举家南迁的；还有因故途经此处，偶识徽貌，深为吸引，而择址举家南迁的。不论缘由如何，南迁家族多以氏族整体迁徙，择地而居，且保持完整的家族组织、观念和制度。方志载：

"千丁之家，不动一坯；千丁之族，未尝散处；千载谱系，丝毫不紊；主仆之严，数十世不变，""迁徽氏族多以自己的始祖或迁祖为中心，集居繁衍，形成宗族，常以族姓命名居住地。当原居地发生地狭人稠矛盾后，始分居他乡。一般一族聚居一村，也有按房系分居几村，有的累进同居。"《徽州地区简志》载"南迁的氏族定居一地，便形成一村。族的发展，如干生枝枝又生叶，而其一族人遂遍布于天下"。由此可看出，徽州村落，多数为移民型村落，他们在早期建村过程中，与"山越"原住居民可能有争夺地盘、斗争—同化的过程，因而在俞宏理、李玉祥所著《老房子》一书中，又将徽州村落定为防御型村落。因其村落保留了防御功能，现在，游览其中，依然可由村落形态窥视其防御心理。当然，在村落的演变过程中，防御的对象可能发生变化，先是防"山越人"与野兽，后是防自然灾害与旁族人，到明清时，则更多是防火与防对自己利益的侵害者。

第五节　徽州古村落的发展概况

1. 徽州村落的形成期

徽州村落最早为山越人定居的原始型村落，有出土文物可佐证。秦汉时已有山越人聚集而居，只是那时的村落景象已不得而知。西晋、唐末、南宋末年是三次人口大迁徙时期，中原、北方士族南迁徽州，择址建村，孕育着村落的形成。此时村落的特征以防御性为主，"依山阻险以自安"是这一时期村落的选址与布局的主要特征，以后的徽州村落也明显带有此特征的烙印。

2. 徽州村落的发展期

南宋以后，南方经济、文化、社会、手工业等迅速崛起，徽州村落也进入了稳定的发展期，这时建村的始祖或迁祖已开始对选址营建的村落进行规划，对山势、水溪等自然地形整治、修缮，建造家园。村落的格局也因所处环境及始祖或迁祖的社会、文化背景或个人情趣的不同，而显示出不同的规划特征。例如，黟县屏山村，始建于宋末，据屏山村《舒氏梁源实录》和《舒氏梁谱录》记载，迁祖为伏曦九世孙后裔，因见此地北有屏风山作"靠"，南有东头岭为"照"，东有吉阳山，西有双凤山"含抱"，吉阳水由北向南川流不息，正是"风山宝地"遂定居屏山。迁祖建村时，十分追求人与自然的和谐统一与村落总体规划，沿吉阳溪构筑村落主题景观，整个村落规划为船形，寓意扬帆前进。

3. 徽州村落的鼎盛期

明清时期是徽州村落的鼎盛期，这时徽商在全国的发展也达到最辉煌的时期，有"无徽不成镇"之说。自明朝始，"庶人祭于寝"的规定也废除。徽州地区出现了众多知名人物，或在朝在野为官，或走南闯北经商，有些为官者得皇帝恩准建牌坊，如歙县的许国牌坊、西递的胡文光刺史牌坊等；为商者，致富后，不忘家乡，捐资捐物兴建大批家族祠堂，以光宗耀祖；也有的官、商捐资家族兴办学业，为乡民建设娱乐设施，或对基础设施进行改造，造福乡里。一时间，大兴建书院、建戏台、修水圳、扩建整修村落之风。徽州村落进入了鼎盛期，村落景观也有了较大的改观。再看宏村，自宋朝建村后，人口不断增长，至明永乐年间，汪氏后人汪思齐，自家谱得知，村中有处泉眼，"宜扩之以内阳水而锁朝中丙丁之火"。于是，从今休宁县请来号称"国师"的风水先生何可达，遍阅山川、详审脉路，援笔立记曰："援西溪水以凿圳绕村屋，其长川、沟形九曲、流经十弯坎，水横注丙地午曙前吐，岂自西向东，水涤肺腑，其夸饰锦锈编跑，乃左乃右，峰倒池塘，定主科甲延绵，亿万子孙，千家火烟，于兹肯构。"至此初步制订了宏村比较完善的改造规划。1405 年至1408 年，宏村汪氏完成了一千多平方米的月沼和数百丈长的水圳工程。至 1607 年，两百余年的人口繁衍，建筑密度的加大给居住环境又带来了新的矛盾，突出的仍是水源问题。于是汪氏大小族长集资，族人合力辟一半圆形池塘，总面积 18000 平方米，取名南湖。在两百多年的水利改造过程中，汪氏沿月沼、南湖建有公共建筑——祠堂、书院等，而民居则多沿水圳而建，家家户户引水入院，村落格局基本定形。现专家分析，宏村的建筑规划具有"仿生学"的理念，整个村落形成"牛形"的"牛肚""牛胃""牛肠"，这只是对现有村落的状况分析而得，从资料记载来看，古人在规划建造村落时，并没有有意识的"仿生学"规划理念。

4.徽州村落的衰弱期

徽州村落走过鼎盛期，进入衰弱期，当自清末太平天国运动始，这时徽商经济也进入了衰弱期。随着徽官在朝失志，徽商也失去了往日的优势，很多徽商家道中落，而太平天国之乱蔓延至皖南，对古村落的建筑毁坏严重。族人此时已无力重修，来恢复往日繁华，徽州村落至此步入衰弱期。徽州古村落虽建筑时期不同，但多半经历了形成、发展、鼎盛及衰弱期，

第六节　徽州民居的形成受到的不同文化的影响

1.南北文化交融的表现

古徽州原本是一山高水险，天然封闭的环境，"山褪人"自始至终一直固守着这分封闭的环境，怡然自得。自汉时孙权以重兵敲开皖南之门户开始，皖南就成了北方氏族躲避战乱，追求世外桃源的理想之地。我国历史上的三次大规模北方人口南迁，分别发生在西晋、唐末与南宋时，据史料记载："徽州这一弹丸之地在这三次重大的人口南迁中，接纳了来自北方十三个省的人口。"加之前文已述的各种原因的人口南迁，造成了早期文化孕育地——黄河流域先进文化南下，与原有"山褪"文化碰撞、交融、积淀，并最终形成新质的地域文化——"新安文化"。目前，徽州地区现存的最完整的历史建筑遗存为宋代少量的桥和元代少量的书院、塔、寺等，而作为先民居住的祖庐，最古老的只是明中叶早期。由此可推测，如果说宋以前是徽州古建筑的孕育期，那宋元则是徽州古建筑的萌芽期，那么徽州古村落由萌芽、形成、发展、勃兴、鼎盛到衰落，经历了一千五百年的历史，形成了有丰富文化底蕴的徽州古建筑。宋以后形成的徽州历史建筑文化是在三次全国重大人口迁徙以后，也就是

说是经过了文化大融合的产物，因此，徽州古村落的建筑、规划带有明显的南北文化的烙印。

2. 道文化对古村落的渗透与表现

"道"一概念，由来已久。原意指人之所行之"路"，后延意为"规则""规律""规矩"等意。老子曰："人法地，地法天，天法道，道法自然"，"五色令人目盲，五音令人耳聋，""大音希声，大象无形。"庄子发展了老子的思想，认为："朴素而天下莫能与之争美。"韩非子更将其进一步发展为："和氏之璧，不饰以五彩，隋候之珠，不饰以银黄，其质至美，物不足以饰之。"这些道家的"朴素自然"的美学思想，不仅影响了中国的美学思想，也深深地影响了徽州建筑。

3. 齐云山道教建筑

道家思想在徽州地区影响深广久远，位于黟县境内的全国四大道教名山之一——齐云山便可佐证。齐云山以道教文化和丹霞地貌为特色，历史上有"黄山白岳甲江南"之称，白岳者，齐云山也。齐云山道教始于唐乾元年间（公元755—760年），至明朝道教盛行，香火旺盛。山上的"真仙洞府""月华街""太素宫""玉庭宫"为典型的道教建筑。"真仙洞府"围绕一天然石"道场"，在周边崖壁下依次是"八仙洞"（供奉道教八仙），圆通洞（供奉佛教南海观音），罗汉洞（供奉真武帝君），雨君洞（供奉龙王），文昌洞（供奉文曲星），这一组对自然稍加修整形成的广场建筑，给人以空旷、古朴、神秘之感，是巧借自然为我所用的成功实例。而如此将佛、道、神合供的模式，也影响了徽州地区很多村落的信仰供奉形式，黟县九都屏山村的三姑庙，既供奉当地传说中的得道神仙三姑（三位孝女），又供奉道教十八罗汉，也供奉佛教观世音菩萨。而此庙古时也成为周边村落举行庆典、庙会之场所，这种将道、佛、神灵、先贤合祭一处的庙在徽州是较普遍的，庙的建筑形式不同于一般徽州建筑，倒趋于中原庙社的建筑风格。"月华街"是道观与山上居民杂陈之所，道观为道教建筑风格，平面为院落式，外表不事张扬，黄色院墙，朴素、素雅、大方。民居为徽州建筑风格，黑、白、灰为主色调，高墙、马头样，与宫观、院房组成一密集建筑群，倒也和谐美观。"玉虚宫"位于紫霄崖下，由"太乙真庆宫""五虚胭""治世仁威宫"三个石砌宫檐组成，宫内便是洞，洞内供奉道教神像。玉虚宫是人工与自然合璧的建筑物。由人工空间向自然空间过渡很流畅。外门面由三组神与异兽图案的浮雕组成。色彩丰富，但不艳丽。加之因岁月流逝而长出的斑斑青苔，与天然崖体形成的入口广场，建筑与山体、天色浑然一体，仿佛天上宫阙一般。

4. 道教的"师法自然"思想的物化表象

道家"朴素自然""道法自然"的哲学思想，融入了徽民对自然与美的追求中。徽民在营建村落的活动中，本着"顺应自然，利用自然，改造自然"的原则，因地制宜，创造美好家园。绩溪许村，地处深山溪谷两岸，沿溪是商店及公共区域，民宅则因地形呈不规则团状，高低错落，依形就势。以沿溪的主要街分巷婉延而去，利用阶地，稍加平整构建祠堂。主要村景沿溪水展开，有各式桥十余座，有跨街听泉楼，整个村落，有声、有色、有景、有水、有山、有树，虽独处深山，却也是一世外桃源。

5. 道教的美学思想的物化表象

徽州村落处处体现着质朴美，村中无论是水口园林、私家园林都不似明清时的苏杭的园林，而主要是以种植草木为主，不营假山，少掘池塘。家中庭院以竹、兰等清新绿色植物为主，而居民建筑则以竹、木、石为建筑材料。无论是民居、商贾宅第、祠堂、书院，都一律用清瓦不用玻璃瓦,而对于重要装饰的门楼,虽砖雕精细,却不施粉黛。石牌坊、祠堂石鼓、勾栏等都保持着青石、麻石等纯石质材料的质感。木窗、木门、木板、木架等也不施彩漆,保留木质的纹理及色泽,充分体现材料本质的质朴美。徽州民居整体色彩以黑、白、灰为主,简单却又蕴含神秘与变化,这些都体现了道家美学的高境界。

第七节 儒文化对古村落的渗透与表现

孔子于春秋创立儒学,春秋至北宋,儒学的发展及传播几经坎坷。北宋开国皇帝赵匡胤,深感"马上得天下,但无法马上治天下"。在北宋官僚队伍中竭力褒扬孔子和儒学,宰相赵普更号称以半部"论语"治天下,这促使了儒学复兴。宋初儒学研究侧重于尊王、正君臣之分,明大一统之义,儒家关于君臣父子、礼乐行政、仁义忠信的道理合乎大统,倍受统治者推荐。

徽州接纳的北迁家族,多为官宦之第、儒学世家。迁徙皖南后,不仅保持原有的宗族体系,也带来了崇儒重教之风。朱熹是理学大家,理学实为在儒学的基础上,经张载、程颢、程颐、朱熹等人扩充,发展而成一理论体系。理学成为中国封建社会后期居支配地位的思想,是中国传统文化的思想基础。徽人对出自故乡的这几位儒学大家顶礼膜拜,村志、族谱大量记载了昔日徽人对朱子学说的真挚情感与惜守不渝的决心。而朱子同样对故里有着浑厚的感情,曾两次回乡探亲、扫墓、开堂讲学。徽州自宋元以来,"理学阐明,道学相传,如世次可缀"。深信程朱理学的门生信徒,在徽州故里"群居讲学,究经看史,学者云集"。传播着朱子理学。使"朱子礼乐,儒风雅韵"成为一典型社会现象。

儒家君臣父子，忠孝节义等一系列伦理道德观，有助于维护宗法社会和封建家庭的稳定。这一文化思想也通过建筑这一凝固的史书而展现出来。徽州大量的牌坊、祠堂正是儒家宣扬皇权、父权、夫权的产物。

1. 儒文化的物化表象——牌坊

牌坊是弘扬儒家伦理道德的纪念性建筑，也是村落景观的重要因素。

徽州的牌坊多沿村落入口道路而设，石材高大的"门"式建筑，因所建意义不同，采用不同样式、不同的雕刻内容、不同的尺度，展现不同的风韵。有时，一村有多座牌坊，沿路婉延布局，加强村

落入口的序列引导与空间层次，同时也在炫耀着该村的"荣耀"，讲
述着一个个动人的故事。

　　棠樾牌坊群位于歙县棠樾村，由明清经营两淮盐务的鲍氏家族
立，牌坊群共计七座牌坊和一座路亭，由东至西，依次为：鲍象贤
尚书坊，鲍逢昌孝子坊，鲍文渊继妻吴氏节孝坊，乐善好施坊，骆
步亭，鲍文龄妻汪氏节孝坊，慈孝里坊，鲍灿孝行坊。牌坊为统一

形式，三间四柱三楼式，仿木结构，但表述的是不同的内容。忠义坊、慈孝坊、恩荣坊正是儒家宣扬的皇权、父权、夫权的产物，是儒家忠、孝、节、义伦理道德的物化。

2. 儒文化的物化表象——祠堂

祠堂是徽州重要的建筑类型，祠堂在村落中是宗族活动中心，也是村落规划的重要因素。

古徽州，一村往往不只一处宗祠，根据族人的亲疏、人缘、血缘设立总祠与支祠，一般事宜可在重要的、事关全族的大事在总祠处理。一般情况下，支祠是每一居民区的核心，总祠是全族的核心，

在村落规划时小的村落总祠与支祠可能靠近或合并；大的村落，总
祠与支祠则散落布置。石家村因村落为团块状，总祠与支祠集中设
置。歙县潜口村，总祠与支祠分散布置。徽州祠堂按中轴线严格对称，
沿纵向轴线以院落形式展开，且后进比前进高，存放祖先牌位处最高，
体现着儒家择中的礼仪观及尊祖思想。呈坎罗东舒祠（又称宝伦阁，
全国重点文物保护单位），占地3300平方米，前后三进，层层升高，
建筑依中轴对称展开，旁接女祠，专供节妇、孝女牌位。屏山有庆余堂，
建筑有前后二进，后进较前进高，建筑依中轴对称展开。高大的祠
堂是村落建筑的重心，同时也是宗族活动的中心。

3. 儒文化的物化表象——书院

"朱子胭里"的徽州，因程朱理学的根深蒂固、北方士族的崇儒
重教及国土紧缺，仕途经商成为重要出路，崇儒重教成为社会风气，
徽州教育出现了空前繁荣的局面，遍布乡村的书院、私塾是其主要
体现之一。

　　黟县南屏至今仍保存有梅园家塾、培阑书屋和抱一书屋等私塾。培阑书屋坐落于李氏家祠旁，为李氏家族所建。建筑形制因功能不同与民居、祠堂稍有区别，但仍是院落组合建筑，外观保持徽州风格。书屋为正屋的旁系配套结构，有走廊过道通向正屋，其为一层平房前开天井，天井左右为廊，供学子读书、休息，书屋厅室宽敞，进深较浅，正面装着莲花门，门面精雕细刻，饰以冰凌、梅花等图饰，寓意寒窗苦读。书院是盛行于徽州的另一教育建筑形式，中国的教育思想重视教育场址的环境有教育功能。认为优美的自然环境可以陶冶情操，净化心灵，激扬文思，故书院的选址环境多位于村边缘环境优美之处。建筑布局以灵活丰富为主题，注意建筑与景观的自然有机结合；注意建筑内部空间的景观效果。歙县雄村的竹山书院，位于村水口桃花坝上，借助自然景观，书院布局有廊、有亭、有阁。

村后驻足廊、亭，亭园中之景，登阁则群峰、翠竹、江水、小舟、垂柳尽收眼底，令人心旷神怡。

4. 儒文化的物化表象——装饰

徽州历史建筑，常饰以精美绝伦的三雕（砖雕、石雕、木雕）"寓教于美"。祠堂的门楼，居民的窗扇、门扇、门楼，其雕刻内容往往是有关儒家伦理道德思想的内容，"忠""孝""节""义"各有经典故事，《车撤囊莹》《买臣负薪》《苏武牧羊》等寄托着儒家修、齐、治、平的思想，《岳母刺字》《孝媳乳姑》《孔融让梨》等民间故事皆成雕刻内容。体现了儒家的伦理道德观。是家族和睦兴旺、读书及第、福荫后代的美好愿望的物化表象。

第八节　徽商文化与古村落的融合

徽州境内，补门人经商最早，见诸文献记载可追溯至东晋。但以商业作为经济主体，则应自明中叶始，据王延元等人研究，明成弘年间，徽人结伙经商之风已形成，作为徽商骨干力量的徽州盐商已在两淮盐业中取得优势地位。至清道光年间，徽商已雄踞全国商界。康乾时期在扬州的歙县盐商，就有"江村之江、丰溪、澄塘之吴，潭渡之黄，岑山之程，稠墅、潜口之汪，傅溪之徐，郑村之郑，唐模之许，雄村之曹，上丰之宋，堂樾之鲍，蓝田之叶皆是也，彼此盐业集中淮扬，全国金融几可操纵。致富较易，故多以此起家"。徽商鼎盛时，劳力 3/10 种田，7/10 经商，有"天下之民系于农，徽州系于商"之说。徽商的衰落自清道光十二年，盐商的失势开始，清政府迫于财政困难，严追历年来积欠已久的盐课，致使许多盐商破产。西方列强的侵略又使盐商在布、木、银庄等行业受重创，至此徽商走入衰落期。徽商的崛起、兴盛、衰落，几乎与徽州村落的发展同步。徽商多为儒商，有"商贾好儒"之称，但多以家族为纽带，宗族观念根深蒂固。徽州人经商靠的是"徽骆驼"精神，他们不辞劳累，打破传统安土重迁观念，"无远弗届""造死地如鹜"乃至数年不减。但凡在外经商的徽州人有了财力，多投资乡里，建祠堂，置义田、捐书院，以振兴家族，修建自住宅第，以供颐养天年。

第九节　西方文化对古村落的影响

1."东风西渐"对古村落的影响

"从明朝到清朝，由于装饰色彩的变化形成了'小巴洛克'风格，也可称之为轻度而刻意的'洛可可'样式，甚至可以发现某种结构精致的'新古典主义'风格"。明朝至晚清，随着国门被迫打开，西洋文化包括西洋建筑文化也跟随传教士与侵略者的脚步踏入中国。"东风西渐"现象开始出现。19 世纪 60 ~ 90 年代，清政府镇压太平天国后，提出"自强""求富"的口号，推行以举办近代军用及民用企业为主要内容的改革，涉及外交、军事、经济、文教等领域，史称"同光新政"。在镇压太平天国中起家的曾国藩、左宗棠、李鸿章等人是推动洋务运动的重要力量。洋务派以"中学为体，西学为用"为宗旨，创办了我国最早的一批新式学堂并派出留学生，大规模引进西方经济知识和科学技术，在一定程度上冲击了当时守旧的社会风气。太平天国运动前，徽商已遍布全国大小城镇，有"无徽不成商"之说，这场席卷全国的"洋务运动"虽历时不长，虽并没有从根基上改变清政府的"闭关锁国"，但确是给长期封闭的中国带来了一股先进的科技与文明之风。许多徽商也深受浸染，他们有的积极参与洋务运动，有的为洋务运动出资献策，有些实力较强的徽商将儿子送往西洋留学。这批经过洋务运动洗礼的徽商，身上或多或少沾有"西洋之气"，回乡修葺经太平天国运动战争毁坏的家园时，也将西洋文化带入了徽州建筑文化之中。促进了"东风西渐"对徽州古村落建筑流变的影响。从现存实例看，徽州古村落的总体规划构架（道路、水系），受西洋文化之风影响较小，基本保持了谱牒家书记载的村落格局，主要是局部重建修葺的建筑浸染了西洋文化的风格。

2. 古村落建筑在"东风西渐"中的流变

（1）建筑性格

徽州民居建筑性格封闭，高墙院瓦，实面多，窗少，而太平天国运动后的民居性格则趋于开朗，有的采用镂空铁艺栏杆院落，有的将原置于内院的美人靠移至外墙，建筑立面的开窗面积明显加大。如黟县南屏某宅，院落围墙、壁柱、大门都是铁艺栏杆与石墩、石墙垛的组合。铁艺的花饰，石墩的雕刻也明显带有 19 世纪欧式建筑风格，与左右、对面典型的徽州民居杂陈村落，显得醒目、张扬。徽州建筑的屋顶脊间变化较少。南屏"小洋楼"一改徽州天井组合平面的形式，以巧妙的楼梯组合堂屋周边的厢房，四层建筑，楼梯可及屋顶瞭望阁，阁周边设美人靠，四周开敞，是全村至高的观景点，虽从用材、用色来看，仍是徽州的建筑，但已明显变形，是徽州建筑文化与西洋建筑文化融入一体的变形徽州建筑。

（2）建筑立面

清末而建的村落建筑，外立面虽保留了门楼、马头墙等外观敏感要素，但窗楣已明显简化，开始运用曲线，以一些平面图案代替原先的叠涩、雕刻等立体装饰，门楼的砖雕明显简化，以字牌匾式为主，或用平面绘制图案置于门檐、屋檐下方，进行表面装饰，虽色彩淡雅，但也破坏了原有村落质朴、自然的原始美感。更有甚者，将西方古典建筑的门顶装饰，直接运用古民居立面侧绘于门楼，不加过渡，生搬硬套。

（3）洋务运动后修葺的房屋

建筑细部的门扇、窗权仍是精雕细刻，但"三雕"的内容已由原先以故事、人物、戏文、植物为主，向以几何图形组合为主转变，写意程度明显降低，图案性加强，审美情趣已由中式向西式转变，带有西洋建筑文化的烙印。更有时尚者，家中已用进口玻璃窗代替原有木雕花窗，实施地方建筑材料与西方科技建筑材料合用。

徽州村落建筑受西洋文化影响较迟，因多是局部修建或修葺，表现在单体建筑上，有的与徽州建筑文化相融，使人能感觉外来建筑文化对原有建筑文化的冲击与相融后产生的流变。

第三章

徽州历史建筑风格特色

传统徽州建筑精彩绝伦，震撼人心，有着深厚的文化内涵。如今，微派建筑作为一种建筑类型，以其独特的建筑风格和建筑形式已慢慢走出徽州。文章结合建筑类型学的相关理论与研究，归纳总结了一些现代徽州建筑的设计策略与方案。总的来说，徽州建筑最简单的特点就是白墙黑瓦，加一个标志性的马头墙

1. 徽州建筑文化理念

徽州古代村落民居是千百年文化的沉积，具有厚实的文化底蕴和丰富的生态学意义，是人类适应环境的产物。中国传统民居聚落的生态意义，在于它尽可能地顺应自然，或者加以改造自然。聚落的发生和发展，充分利用自然生态资源，且非常节约资源，巧妙地利用这些资源，形成重视局部生态平衡的天人合一、物我同一的生态观。

在明中叶以后，随着徽商的崛起与发展，徽州园林和宅居建筑也发展起来。徽州建筑的群体布局带着浓重的封建迷信色彩，其美学效果让人大开眼界。徽州的大部分古村落都是白墙黑瓦，飞檐翘角的屋宇随山形地势高低错落，层叠有序，蔚为壮观。最典型的建筑群是宏村的牛形村。站在山坡上俯瞰全村，各种各样的建筑物规划严整，井然有序。让驻足其间的游人耳目一新，肃然起敬。

2. 徽州建筑的形式语言

（1）建筑的总体布局

山青水秀的徽州地区，大大小小的村落集镇，一派独特的民居风格，给人留下深刻的印象。村落的布局与大自然的山光水色融为一体，建筑充分显示了它的生态意义。徽州建筑群体布局多重视周围环境，参考山形地脉，水域植被，依山傍水，力求人工建筑和自然景观融为一体，保持人与自然的天然和谐。显示出徽州人独特的文化修养。

　　顺应自然——利用自然——装点自然。徽州民居在村落走向、建筑布局、环境特色、空间联系和分割等多方面都抓住村溪这一主要特点进行布局设计。建筑上着眼于千变万化的群体，这种群体既不消极地受自然山水的摆布，又不违背自然，根据溪流的变化和特色的地形有规则的分割和利用。

　　（2）建筑的空间形态

　　徽州民居不仅拥有优美的环境，典雅的建筑造型，还有独特的室内外空间。徽州人不但讲究宅居的环境，还刻意营造、利用、美化宅居的内外空间。建筑的实体、空间和环境，是对立统一、互为依存的。把建筑空间和大自然沟通汇合、融为一体，是中国传统空间观的精髓。

　　徽州建筑的工艺、造型风格主要体现在民居、牌坊和园林等建筑实体中，格局紧凑而不局促，统一中仍有许多变化，天井在建筑中起了相当关键的作用。这里的天井小而狭长，它连接着大门、左右外墙和半开敞的堂屋，是建筑里最积极最活跃的构成因素。由于天井的突出作用，使徽州民居具有很强的生长能力，体现建筑的有机性。

青瓦粉墙，并非徽州民居所独有，通过马头墙高低起伏的组合，谱成一曲曲具有优美的旋律——连续的、渐变的、交错的、起伏的，几乎有各种韵律形式的美——黑白交响曲，衬托青山绿水，这是属于徽州民居独特的艺术风格。青瓦粉墙马头墙质朴典雅，色彩含蓄、丰富，体现了中华民族的美学修养。徽州民居马头墙之所以千变万化、高低起伏，是因为村落沿溪流延绵弯曲，地形本身有起有落。

建筑是凝固的音乐，它本身是不动的。马头墙高耸、挺立，发挥着它的多种功能。马头墙是皖南民居最典型的建筑构件，形式极富韵律感，如今已成为徽州建筑的标志性形象了。以马头墙的造型、色彩和细部装饰为特征的徽州民居的建筑美，是一种散发泥土芳香的美。

（3）徽州建筑的再设计

随着经济的发展和人口的增多，人们对现代生活的要求越来高,城市化的趋势也在加速。徽州地区也建造了一些新式建筑的民居,它们的建筑风格跟老房子差不多,徽州气息很浓:依旧是村溪水街,青瓦粉墙马头墙,甚至是堂屋也保留着,天井和小院也都还有,但它们和旧式徽州建筑又有很多不同。追求具有文化品味的住区设计,人们开始注重技术和人文的结合,呼唤重建人类的"精神家园"。传统民居的现代化和现代建筑的本土化是徽州建筑未来发展的方向。

现代徽式别墅是从纯粹模仿古徽州民居建筑到改良的徽式建筑再到现代徽式别墅。融入乡土环境,作为建筑的基本任务,不只是对现代建筑设计和建造的一种限制,更是造就建筑独特文化的天然优势。本节以黄山市别墅为例讲述现代徽州建筑的演变。现代的徽州建筑继承了所有传统徽州建筑的优点,加入现代化的人文特色进行再设计。现代建筑外观设计还是白色墙体构成,在不破坏白粉墙的格局的条件下,在新建筑上进行多样化处理。外部造型还是以马头墙、青瓦为切入点,外墙在一层加设了窗户。人们打破封建传统观念,不必顾忌泄了财气,从而享受到更多的阳光和新鲜的空气。

传统徽式建筑的窗户通常都很小，都是由木雕和砖雕结合而成的，现代徽式别墅在这一点上进行了改良，将现代风格的窗户运用到现代徽式别墅中，用以黑色窗框来衬托白墙，自然古朴，整体呈现清新淡雅的色彩旋律，淡淡的透射出睿智，恰如其分地表现徽州建筑的特性。

现代徽州建筑随着水泥、钢筋建筑材料的发展和应用，消防设施的完善，防火能力大幅度提高，原来起到防火作用的马头墙被视为徽州建筑的特色元素在现代徽州建筑中广泛应用。马头墙除有实用功能外，还具有很强的装饰功能，使建筑物具有沉稳感。在现代建筑中可以因其性质、形式而适当求其意，以体现地方风格。马头墙的组合，千变万化，构成韵律节奏。在新建筑中，这种建筑符号可以作为点缀、以求塑造徽州民居的意境。在坚固实用、美观大方的基础上寻求朴素自然清雅简单的美感。在延续传统建筑特征符号的尺度比例中，把抽象变通地运用，简约中带着精致，使建筑的线条变得更加硬朗。

　　现代徽式别墅在门头装饰上依旧采用徽州的砖雕，内部主要沿袭天井的建筑构造，由正屋和高墙围合而成的面积较小的方形空间，让其拥有通透的视野，增加了别墅的采光效果。粉墙下加了勒脚，有的是就地取材用块石，有的是用一些水泥加固，改进了防水隔潮的措施，也体现了新的生产技术的水平。利用内庭院形成对流，引入自然风，增加建筑物通风换气性能。尽可能方便住户与自然环境的沟通，使建筑与自然环境相辅相成，融为一体。

　　徽州建筑大致有以下几个特点：

　　1）尊重自然山水大环境。古徽州对村落选址的地形、地貌、水流、风向等因素都有周到的考虑，往往都是依山傍水，环境优美，布局合理，交通顺畅，建筑融汇于山水之间。

2）富于美感的整体性外观。群房一体，独具一格的马头墙，采用高墙封闭，马头翘角，墙面和马头高低起伏、错落有致，青山、绿水、白墙、黛瓦是徽州建筑的几个主要特征，在质朴中透着清秀。

3）较灵活的多进院落式布局。建筑平面布局的单元是以天井为中心围合的院落，按功能、规模、地形灵活布置富有韵律感。

4）精美的细部装饰。徽文化中"三雕"（砖雕、石雕、木雕）艺术令人叹为观止，砖雕门罩、石雕漏窗、木雕楹柱与建筑物融为一体，是徽州建筑一大特色。

徽州古民居受徽州文化传统和优美地理位置等因素的影响，形成独具一格的徽州建筑风格。粉墙、青瓦、马头墙、砖木石雕以及层楼叠院、高脊飞檐、曲径回廊、亭台楼榭等地和谐组合，构成徽州建筑的基调。徽州古民居规模宏伟、结构合理、布局协调、风格清新典雅，尤其是装饰在门罩、窗楣、梁柱、窗扇上的砖雕、木雕、石雕，工艺精湛，形成多样，造型逼真，栩栩如生。

有"民间故宫"之称的宏村承志堂前厅横梁上的"唐肃宗宴客图"和"渔樵耕读""琴棋书画"等木雕精品，每每令旅游者惊叹不已。徽州民居讲究自然情趣和山水灵气，房屋布局重视与周围环境的协调，自古有"无山无水不成居"之说。徽州古民居大多坐落在青山绿水之间，依山傍水，与亭、台、楼、榭、塔、坊等建筑交相辉映，构成"小桥、流水、人家"的优美境界。

黟县宏村，背靠古木参天的雷岗山，前临风光旖旎的南湖，傍依碧水萦回的浥溪河，整个村落设计成牛形，景色极为秀丽，有"中国画里的乡村"之称。

　　徽州古民居，多为三间、四合等格局的砖木结构楼房，平面有口、凹、H、日等几种类型。两层多进，各进皆开天井，充分发挥通风、采光、排水作用。人们坐在室内，可以晨沐朝霞、夜观星斗。经过天井的"二次折光"，光线比较柔和，给人以静谧之感。雨水通过天井四周的水枧流入阴沟，俗称"四水归堂"，意为"肥水不外流"，体现了徽商聚财、敛财的思想。

　　民居楼上极为开阔，俗称"跑马楼"。天井周沿，还设有雕刻精美的栏杆和"美人靠"。一些大的家族，随着子孙繁衍，房子就一进一进地套建，形成"三十六个天井，七十二个槛窗"的豪门深宅，似有"庭院深深深几许"之感。黟县关麓的"八大家"就是由八个兄弟的 20 幢民居屋舍相贯、院庭联幢而成。

　　徽州民居在室内装饰和摆设方面也极为讲究。正堂挂中堂画，两侧中柱上贴挂楹联。"读好书营商好效好便好；创业难、守成难、知难不难""几百年人家无非积善，第一等好事只是读书"透出深刻的哲理，反映了徽商贾而好儒、崇文重学的思想。厅内陈设条桌，桌上东边放一花瓶，两边摆一古镜，中间是时钟，寓意徽商在外永远平安。

　　走进徽州，人们可以从众多鳞次栉比的古民居中看到"东方文化的缩影"，著名的古民居村落有西递、宏村、唐模、南屏、呈坎、昌溪等。

　　徽州历史建筑以砖、木、石为原料，以木构架为主。梁架多用料硕大，且注重装饰。其横梁中部略微拱起，故民间俗称为"冬瓜梁"，两端雕出扁圆形（明代）或圆形（清代）花纹，中段常雕有多种图案，通体显得恢宏、华丽、壮美。立柱用料也颇粗大，上部稍细。明代立柱通常为梭形。梁托、爪柱、叉手、霸拳、雀替（明代为丁头拱）、斜撑等大多雕刻花纹、线脚。梁架构件的巧妙组合和装饰使工艺技术与艺术手法相交融，达到了珠联璧合的妙境。梁架一般不施彩漆而鬃以桐油，显得格外古朴典雅。墙角、天井、栏杆、照壁、漏窗等用青石、红砂石或花岗岩裁割成石条、石板筑就，且往往利用石料本身的自然纹理组合成图纹。墙体基本使用小青砖砌制马头墙。

徽州建筑还广泛采用砖雕、木雕、石雕，表现出高超的装饰艺术水平。砖雕大多镶嵌在门罩、窗楣、照壁上，在大块的青砖上雕刻生动逼真的人物、虫鱼、花鸟及八宝、博古和几何图案，极富装饰效果。木雕在古民居雕刻装饰中占主要地位，表现在月梁头上的线刻纹样，平盘斗上的莲花墩，屏门隔扇、窗扇和窗下挂板、楼层拱栏杆板及天井四周的望柱头等。木雕内容广泛，多人物、山水、花草、鸟兽及八宝、博古。题材众多，有传统戏曲、民间故事、神话传说和渔、樵、耕、读、宴饮、品茗、出行、乐舞等生活场景。手法多样，有线刻、浅浮雕、高浮雕、透雕、圆雕和镂空雕等。其表现内容和手法因不同的建筑部位而各异。这些木雕均不饰油漆，而是通过高品质的木材色泽和自然纹理，使雕刻的细部更显生动。石雕主要表现在祠堂、寺庙、牌坊、塔、桥及民居的庭院、门额、栏杆、水池、花台、漏窗、照壁、柱础、抱鼓石、石狮等上面。内容多为象征吉祥的龙凤、仙鹤、猛虎、雄狮、大象、麒麟、祥云、八宝、博古和山水风景、人物故事等，主要采用浮雕、透雕、圆雕等手法，质朴高雅，浑厚潇洒。

第四章

徽州历史建筑样式

第一节　民居外部造型

1. 朝北居

假如不是地形特殊，住屋的最佳朝向，当选择坐北朝南，但徽州明清时期所建民居，却大多是大门朝北。原来古徽人的居住习惯有许多禁忌。汉代就流行着"商家门不宜南向，征家门不宜北向"的说法。究其原因，据五行说法：商属金，南方属火，火克金，不吉利；征属火，北方属水，水克火，也不吉利。明清时期，徽商鼎盛，他们一旦发了财，就回乡做屋，为图吉利，大门自不朝南，皆形成朝北居。至今徽州仍保留有数以万计的朝北古民居。

2. 重檐

徽州民居皆建成双层屋檐。这重檐习俗的形成，有着一段广为流传的故事。据传，五代十国时，歙州是南唐后主李煜所管辖的地方。赵匡胤发动陈桥兵变，建立宋朝，亲征到了歙州，正当宋太祖抵达今休宁县海阳城外的时候，天色突变，大雨将至，宋太祖便至一间瓦房处避雨，为免扰民，下令不得进入室内，可是徽州民居的屋檐很小，远不及中原地区的屋檐那么长，加上这天风大雨急，众人都被淋了个落汤鸡。雨过天晴，居民开门发现宋太祖此般模样，以为死罪难逃，跪地不起，宋太祖却未责怪，问道：歙州屋檐为什么造得这么窄呢？村民答曰："这是祖上沿袭下来的，一向都是如此。"宋太祖便道："虽说祖上的旧制不能改，但你们可以在下面再修一个屋檐，以利过往行人避雨。"村民一听，连称有理，于是立即照办，自此以后，徽州所有的民居渐渐都修了上下两层屋檐。

3. 门楼

徽州方言中的正屋大门为"门阙"。阙是古代封建制度中贵族爵品的标志性建筑。徽州人将"阙"顶部精华特点转移至门顶上，包括马头墙的翘角都容纳阙的夸张式特征。特别是祠堂与豪宅，它集砖雕和石雕之精华，让门阙成为整个建筑最讲究的精华部位，除了结合门向的风水之外，古徽人在木雕方面的天赋也容入其中，使它成为徽州建筑的主要"门面"。

　　中国人讲究门面，更何况是富庶的徽州。"门面"一词在汉语中的特殊含义表明了中国人对门的重视，使宅门成为了民居重点装饰的地方。此外，大门也是整个住宅最直接、最突出的标志，乃至在人们心目中，观其门便可知其家。所以住宅大门被赋予了重要的象征意义，它预示着院内建筑的规模及主人的社会地位、财富和权势等。"门第高低""门当户对""门庭兴旺""光大门楣"等日常习语是此类意思的形象比喻。显贵之家被称为"高门"，卑庶之家则称为"寒门"，这样就决定了居者必然对其大门外观的修造投入很大的精力，以显示家宅的实力。徽州民居大门上几乎都建门罩或门楼，大片粉墙上重点装饰的门罩，雕刻精致，成为徽州民居的一个重要特征。门罩就是雨罩，又是入口的标志。在外观塑造中，华美的宅门在形式、做工的精良程度等方面具有极为精致优美的风格，可说是极尽工巧。再辅之以各种细部装饰，更增加了宅门的艺术魅力。装饰的部位，从总体上讲集中在屋脊、门窗、廊檐、柱梁等处，但仍几乎扩展到一切人眼所及之处。有些大户人家门前台阶两侧还有石敢当和抱鼓石，显得威严、庄重。考究的门罩有鎏金彩画和斗拱，一般都做成双角起翘的小挑檐，下伸檐椽头，上覆瓦片，其下部门脸上还嵌有砖雕。然而并非把宅门修建得高大华美就为好，出于传统思想的中庸之道和安全防卫的考虑，又要避免自宅过于突出于众人视线的焦点。因此，寻常百姓家并不刻意追求徒具其表的高门大院之势。而在宅门的尺度适宜、形式优美、做工精细等方面颇费心力。此外徽州还有"商家门不宜南向，征家门不宜北向"一说。由于南与难同音，徽州人大多以经商为主，忌讳做生意中遇难题，因此古徽州民居的大门少有向南开的，这也从一个角度体现了居住者治家的追求和价值取向。门楼通常有砖雕和石雕，最豪华当然数门坊了，门坊由雕刻的木坊或石坊嵌入墙内。组成门楼无疑是徽州民宅最显要的艺术精华部位，除了其外在的美观气派之外，其内在则意味着"人生之富贵体面，全然在咫尺之间"。

4. 马头墙

马头墙，又称风火墙、封火墙、放火墙等，特指高于两山墙屋面的墙垣，也就是山墙的墙顶部分，因形状酷似马头，故称"马头墙"。

　　古代建筑中屋面以中间横向正脊为界分前后两面坡，左右两面
山墙或与屋面平齐，或高出屋面。使用马头墙时，两侧山墙高出屋面，
并循屋顶坡度跌落呈水平阶梯形，而不像一般所见的山墙，上面是
等腰三角形，下面是长方形。马头墙是徽州建筑的一个符号与象征，
在某种程度上甚至也可以说是徽州建筑的灵魂所在，因此是十分值
得我们去深究一番的。徽州民居的墙体一般不承重，主要起围护作
用。墙体高于木构架的部分用铁壁虎和榫头砖固定在木构架上。墙
体升高超过屋脊，做成水平线条状，在沿两边屋面的趋势层层跌落，
跌落几阶与房屋进深有关，一般为三、五阶。墙顶盖小青瓦，铺墙脊，
做滴水。墙面均粉白灰，白墙黑瓦，青脊墀头，十分素雅。徽州民
居马头墙的这种造型是徽州民居的建筑特色之一。

马头墙高低错落，从外形看颇具风格，因而不仅是中国南方徽州建筑常用格式之一，也是徽州建筑的重要造型特色，曾有"青砖小瓦马头墙，回廊挂落花格窗"之说，用以概括明清徽州建筑风格。一般来说，优美的马头墙多见于乡村，而在繁华的都市中，马头墙则极为难得和珍贵。

徽州旧时建筑因村落房屋密集需防火、防风，故在居宅的两山墙顶部砌筑有高出屋面的"封火墙"。其构造随屋面坡度层层跌落，以斜坡长度定为若干挡，墙顶挑三线排檐砖，上覆以小青瓦，并在每只垛头顶端安装搏风板（金花板）。再在上面安装各种式样的"座头"，有"鹊尾式""印斗式""坐吻式"等数种。"鹊尾式"即雕凿一似喜鹊尾巴的砖作为座头。"印斗式"即由窑烧制有"田"字纹的形似方斗之砖，但在印斗托的处理上又有"坐斗"与"挑斗"两种做法。"坐吻式"是由窑烧"吻兽"构件安在座头上，常见有哺鸡、鳌鱼、天狗等禽兽类。马头墙的"马头"，通常是"金印式"或"朝笏式"，显示出主人对"读书做官"这一理想的追求。看到这些马头墙，人们常常会为徽州建筑设计师们那种高超的艺术创造力而惊叹，徽州民居，高大封闭的墙体，因为马头墙的设计而显得错落有致，那静止、呆板的墙体，因为有了马头墙，从而凸显出一种动态的美感。

徽州民居的山墙之所以采取这种形式，主要是因为在聚族而居的村落中，民居建筑密度较大，不利于防火的矛盾比较突出，火灾发生时，火势容易顺房蔓延。而在居宅的两山墙顶部砌筑有高出屋面的马头墙，则可以应村落房屋密集防火、防风之需，在相邻民居发生火灾的情况下，起着阻断火源的作用。久而久之，就形成一种特殊风格了。而在古代，徽州男子十二三岁便背井离乡踏上商路，马头墙是家人们望远盼归的物化象征。现在看到这种错落有致，黑白辉映的马头墙，也会使人得到一种明朗素雅和层次分明的韵律美的享受。

　　马头墙是徽州建筑的重要特征。马，在众多的动物中，可以称得上是一种吉祥物，中国古代"一马当先、马到成功、汗马功劳"等成语，显现出人们对马的崇拜与喜爱。这也许是古徽州建筑设计师们为什么要将这种封火墙，称之为"马头墙"的动机。而从高处往上看，聚族而居的村落中，高低起伏的马头墙，给人产生一种"万马奔腾"的动感，也隐喻着整个宗族生气勃勃，兴旺发达。马头墙高低错落，墙头都高出于屋顶，轮廓为阶梯状，脊檐长短随着房屋的进深而变化，多檐变化的马头墙在江南民居中广泛地被采用，有一阶、二阶、三阶、四阶之分，也可称为一叠式、两叠式、三叠式、四叠式，通常三阶、四阶更常见。较大的民居，因有前后厅，马头墙的叠数可多至五叠，俗称"五岳朝天"。砖墙墙面以白灰粉刷，墙头两坡墙檐覆以青瓦，白墙青瓦，明朗而雅素。

　　马头墙不仅具有美化环境的功能，而且还有利于防火，因为徽州民居密度大，宅与宅之间仅有小巷相隔，并且房屋皆为木构架，易燃，高出房顶的马头墙在一定程度上可以阻挡火势蔓延。将这种建筑防火技术运用推广于民间民居建筑，始于明朝弘治年间的徽州知府何歆。当时徽州府城火患频繁，因房屋建筑多为木制结构，损失十分严重。何歆经过深入调查研究，提出每五户人家组成一伍，共同出资，用砖砌成"火墙"阻止火势蔓延的有效方法，以政令形式在全徽州强制推行。一个月时间，徽州城乡就建造了"火墙"数千道，有效遏制了火烧连片的问题。何歆创制的"火墙"因能有效封闭火势，阻止火灾蔓延，后人便称之为"封火墙"。随着对封火墙防火优越性认识的深入和社会生产力的提高，人们已不满足于"一伍一墙"，并逐渐发展为每家每户都独立建造起封火墙。而后来的徽州建筑工匠们在建造房屋时又对封火墙进行了美化装饰，使其造型如高昂的马头。于是，"粉墙黛瓦"的"马头墙"便成为徽州建筑的重要特征之一。

马头墙建成重叠有致的整体结构，原因有五个：

1）村落依丘陵地形走向而建，造成了民居的起伏。

2）民居多为二层，也有不少的民居为一层或三层，导致了墙体结构的高低不同。

3）每栋民居或是一进二进，或是三进四进，这使得民居在轴向和横向都有了发展的空间，使得马头墙交错穿插。

4）不同地方的建筑用料不同，不同地方墙的高低讲究不同，导致马头墙风格根据主人的好恶而不断改变。

5）在徽州人眼里，马头墙更是青云直上的象征，无论是仕途还是商贸，徽州人都希望可以从最底端，经过马头墙象征的一个一个的阶梯，最终取得正果，这使得民居主人在建造马头墙的时候更追求层次感和阶梯感。

随着社会的发展，科技的进步，建筑的规模与样式也更加与以往不可同日而语。钢筋、水泥等建筑材料的运用，消防设备的日益完善，使马头墙原本的作用也逐渐弱化。但这并不代表马头墙已成为建筑界的强弩之末，在一些倡导徽州文化的现代建筑之中，它依旧被视为徽州建筑中不可或缺的特色元素。

马头墙是徽州建筑的典型标志，也是一曲余音袅袅的水墨乐章。它的色彩之美不在斑斓而在素雅，它的形态之美不在写实而在灵动。千百年来，徽州建筑之所以令无数人流连忘返，过目难忘，可以说马头墙居功至伟，不同凡响。它仰首嘶吼，欲飞天奔腾的神情，必将如图腾般镶刻在人们的内心之上。徽州文化，即徽文化，是中国三大地域文化之一（敦煌文化、徽州文化、藏文化）。作为徽州文化重要内容的徽州建筑，代表着中国古代建筑文化的时尚，也是历史建筑流派中最重要的流派之一，它具备独特工艺以及特有的艺术风格，白墙、青瓦、马头墙无一不体现徽文化的独树一帜，更是其组成元素的瑰宝。丰富而个性的风格主要体现在民居、祠堂、牌坊和园林等一些实体建筑中。

第二节　民居内部空间

1. 庭院布局

　　明清以来，徽州成为我国经济文化的繁荣地区，其建筑也明显接受了北方建筑的影响，一些富商和官吏聚集之处，形成了庞大的建筑群。徽式民居具有良好的居住环境、舒适的居住条件、灵活的空间布局，为人们提供了舒适的生活场所。传统的封建礼教思想更在其中得到了充分的体现。徽州民居一般坐北朝南倚山面水，宅居很深，进门为前庭，中设天井，后设厅堂住人，厅堂用中门与后厅堂隔开，后厅堂设一堂两卧室，堂室后是一道封火墙，靠墙设天井，两旁建厢房，这是第一进。第二进的结构仍为一脊分两堂，前后两天井，中有隔扇，有卧室四间，堂室两个。第三进、第四进或者往后的更多进，结构都是如此，一进套一进，形成屋套屋。其庭院结构多是以天井为中心的内向封闭式组合院落，布局和结构紧凑、自由、屋宇相连，平面沿轴向对称布置。民居随时间推移和人口的增长，单元还可增添，这符合徽州人几代同堂的习俗。用空间的差异区分人群的等级关系，也反映了宗族合居中尊卑等级、男女有别、长幼次序的封建礼治等级差别。关上大门便把外界的尘嚣留在高墙之外，在院中赏花栽木，宁静养心，满足了道家遁世的渴求；打开大门又可以投身世俗生活之中，实现了儒家出世的愿望，传统的儒道思想在庭院中找到了平衡点。一般民居面阔三间，较大住宅亦有五开间。中为厅堂，两侧为室。四面高墙围护，唯以狭长的天井采光、通风及与外界沟通。外墙很少开窗，尤其是下层有时完全没有。因此，徽州建筑总是给人一种幽暗凄迷的感觉，这是因为许多徽商长年在外经商，老家往往只有家眷，甚至只有女眷。商贾大户因此尤其注重住宅的安全防盗，防御性在民居中被看重。徽商的宅邸总是建成高墙深院，这种院落高耸封闭的外观显示出对外界的戒备，同样也是出于礼教与安全两个方面的考虑。

2. 天井明堂——神居

徽州建筑的天井与明堂可谓最有代表性。"上有天井，通天接气；下有明堂，四水归一"，这是徽州建筑结构与村落布局体最初是出于防御功能和引水之需，因为徽州常年多雨，一旦遇到外敌威胁，只要粮水贮足，全族人可久居在寨内不出，特别可防夜间袭击。随着岁月的推进，天井与明堂被赋予一种审美理念与风水文化，并结合了宗法理念与工艺结构。

徽州建筑事实上是复合式建筑，除了后墙翻水是外流之外，正屋则是四水流向明堂。天井用于采光，使得两厢和堂屋不至于昏暗。天井与明堂的设计按住宅大小深浅设计，普通民居分为"小三间"和"大三间"，小三间没有上下堂屋，明堂等于一个屋套，前门与照壁同为一墙，明堂的地面通常采用石条构成一条排水"阴沟"收集屋檐水。大三间分上下堂，除了天井开阔之外，明堂设有台池，甚至摆设假山奇石之类，明堂是精工长条麻石所铺成，那些石条，重则上吨，通常是一项费力的局部工程。"大三间"也叫"五间"，下堂除了有隔门之外，左右两边可设两间下厢房，如果有一定立深的话，在上下厢房的通道间"过厢"设小偏厅，用作休闲与接待不重要客人。下堂阁楼与上堂阁楼不是同一个水平，主要考虑到堂厅的开阔与气派，因为堂厅前有楹柱、上方弧弓的正梁（俗称冬瓜梁）和中间方梁（俗称"塞"）；下堂楼阁一般低于上堂一米多，它通常是女眷的闺房。

3. 中堂

由于强烈的宗法思想，使得徽州民宅的中堂这个小地方成为一个富有精神意蕴的大世界。它的整体包括厅堂、交椅、八仙桌和条桌。中堂上方有牌匾、祖训和铭记，如"天地君亲师位"是最常见的，正中一般没有固定，按具体的时节、事件做不同的摆设，如喜、丧、寿、祭多做相应调整，其中遗像、名迹、字画是最常见的。它可以摆设一些传家宝、避邪物和炫耀物等，如名贵陶瓷、座钟、玉雕、假山。每逢佳节倍思亲之际，也可从祠堂里请来已故父母牌位放置板几上祭供，如已故亲人的大寿和刚过世亲人的忌日均与厅堂、板几和八仙桌有关，它则是个鬼事活动的重要场合。

4. 四水归堂

厅堂前方狭长的一方天井兼具采光、通风和排水诸多功能，同时亦有"四水归堂"的吉祥寓意。徽州人对天井有着独特的精神寄托，四面雨水内流叫作四水归堂，四水归堂虽然并非徽州民居所独有，但其最讲究敛财、聚财的精神功用。天井使得四周坡面屋顶的雨水源源不断地汇入天井，而绝不外淌，正好符合商人盼望老天降福，

财源滚滚而来的心理。进而又赋予它聚财、天降洪福、肥水不流外
人田的含义。事实上，民居中都有很完善的排水设施。如许多的天
井下面有明塘，讲究的用石砌成池，围上石栏板，一般的也要在明
塘四角砌成明沟，然后流入阴沟排出屋外。为了便于清除阴沟的堵
塞物，还往往将青石板琢上圆孔，并用镂空雕的石盖盖上。这种与
"五岳朝天"并称的不让财源外流的"四水归堂"，作为徽州建筑的
一个主要特色，它显然折射出黄山白岳间这个商贾之乡的世俗价值
观，体现了典型的徽商心理。而从家族繁衍的角度视之，"四水归堂"
还寓意着人丁兴旺，家族源远流长如川流不息。所以徽州人常说："家
有天井一方，子子孙孙兴旺。"

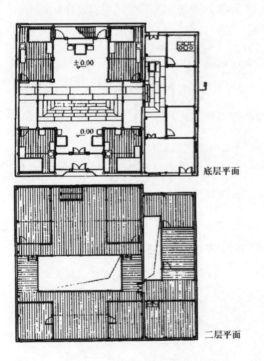

底层平面

二层平面

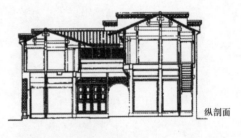

纵剖面

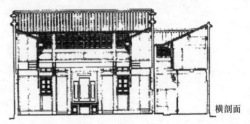

横剖面

5. 室内陈设

徽州民居往往用一定的摆设体现人们的道德、价值观念和他们在特定环境中的追求与希望。这种以建筑构建契合人生哲理的做法，在徽州民居的厅堂中显得尤为突出。对联的悬挂，物件的摆设，无一不予居人以潜移默化的熏陶。厅堂分下堂、中堂、上堂，也可称前堂、中堂、后堂。后堂还称高堂，不仅因地形稍高，还因为其多住长辈。中堂历来是用以祭祀、庆典、议事、会客、饮宴等重要活动的场所。徽州民居中作为家庭生活活动主要空间的中堂，上悬匾额，正中的太师壁上往往挂的是大型画轴，一般是山水、花鸟或象征吉祥如意的福、禄、寿三星，两侧再配以颇有哲理的木制楹联。每逢传统祭祖之日，主人便收起画轴，挂上祖宗遗容，等到祭祀活动结束后再重新挂上画轴，现在有些村落的老宅中堂还挂祖宗的容像。画轴之下还设有条案，长度与中堂太师壁相同，前面摆有八仙桌，太师椅。条案正中即房子中轴线位置摆一长鸣钟，长鸣谐音长命，有吉祥之意。钟的两边东置古瓷瓶，西置雕花架玻璃镜，这种摆设以物寓意，取的是瓶镜的谐音"平静"，这一摆设几乎家家雷同，户户可见，体现了徽州人对其生活环境的种种美好希望，一方面希望自己在外经商的亲人在经营活动中平平安安；另一方面，那些在外经营成功，回家颐养天年的商人没有了竞争的危机感，希望从此过上平静的生活，后代子孙也能在此世代平静生活。这其中不仅蕴含着祈求家庭和睦安康的意义，又折射出四处奔波的徽商在内心深处对于平静生活的一种渴望。

第三节 徽州"三雕"艺术

深厚的历史积淀和独特的文化理念，造就了别具韵味的徽州民居。作为民居形象的显著特征之一的建筑雕刻装饰同样也被赋予了浓郁的文化色彩，而且其中还融进了徽州人的性格，从一个侧面折射出徽州民居的丰富个性。作为一个传统建筑流派，徽州建筑融古典、简洁、富丽为一体，而徽州民居内部繁复精致与外部的简洁纯粹形成鲜明的对比，至今仍保持着独有的艺术风采。受明清时期住宅营建制度的严格限制，庶人只可造三间五架之屋，且住宅开间、构架以及用材与装饰都有诸多限定，不能过大过高，也不能使用各种金碧辉煌的彩画和装饰。这就使得徽商在建宅时只能独辟蹊径来满足他们物质和精神生活的需要，转而在雕刻的精湛、典雅、细致和意寓上进行斗富比拼。由于徽州民居中的豪华住宅多为巨商富贾，因而在装修上则不遗余力，甚至有"无处不雕"的情形，形成了众多门类的雕饰手法，从而发展出精巧华美的三雕艺术。

徽州"三雕"以歙县、黟县、婺源县最为典型，保存也相对较好。主要用于民居、祠堂、庙宇、园林等建筑的装饰，以及古式家具、屏风、笔筒、果盘等工艺雕刻。"三雕"的历史源于宋代，至明清而达极盛。明清两代徽商遍布全国，由于根深蒂固的儒家思想的影响，他们在外面赚了钱，都要回乡办教育、搞建设。徽州多山多水，鲜亮多彩的建筑琉璃使人眼花缭乱，反倒不如青瓦白墙更醒目，于是建筑用砖雕、石雕和木雕很快便风行起来。明代雕刻粗犷、古朴，一般只有平雕和浅浮雕，借助于线条造型，而缺乏透视变化，但强调对称，富于装饰趣味。清代雕刻细腻繁复，构图、布局吸收了新安画派的表现手法，讲究艺术美，手法从一到二层浅浮雕发展到八九层的高深浮雕，有的镂空层次多达十余层，亭台楼榭，树本山水，人物走兽，花鸟虫鱼集于同一画面，玲珑剔透，错落有致，层次分明，栩栩如生，雕刻楼阁亭榭时竟刻门窗可以开关，雕狮与麒麟，竟要眼球能转动，这显示了雕刻工匠高超的艺术才能。

徽州民居的雕作与装饰发展到这样的一个高度，是与当地人的文化环境和居住者的修养德操有不可分割的关系。皖南民风讲求处儒、行商两不悖离，因此诗礼与商市的题材常常互配共存，形成了鲜明的地方风格与特色。

从总体上看，"三雕"题材大多具有吉祥、风雅、道德教化的内容与象征。雕刻的内容既不乏市井的吉祥图案，又充斥着孔孟之道的教化。

1. 吉祥图案

徽州民居中较为常见的是通过吉祥图案对建筑细部构件进行装饰，主要运用象征、谐音、寓意等手法，以寄托人们对幸福、吉利、长寿等美好事物的企盼。并且比较重视"音、形、意"方面各种相关联的含义，所以其种类较为统一，多是历史人物、戏文故事、祥禽瑞兽与神仙佛道等，并重金钱财帛，具有鲜明的民俗文化的审美趣味。例如，经商市贾之家讲究财源富足，常采用铜钱彩带，元宝匣盒等象征图案；平常百姓家中，则多刻一些松鹤仙丹、八仙过海、刘海戏金蟾等题材，或刻海棠、石榴、莲花虫鱼、瑞兽等图案反映祈求丰足、富贵平安、年年有余、多子多福等美好愿望，既通俗又典雅，造型美妙生动。

此外，福、禄、寿、喜等吉祥用语是民众喜闻乐见的装饰题材，在民居建筑及室内装饰中运用广泛，借以表达福寿富贵、吉祥安庆的祈愿。除吉祥用语外，由花卉、动物灵兽、八宝组成的图案装饰细部构件的手法，也在民居中广为运用。形式上最普遍而简单的是植物和自然几何纹样，动物、人物戏文的图案也几乎是户户可见，应用极广。这些吉祥祈福图案大多取谐音，如福象征福运、富贵，建筑雕饰常与谐音的"蝙蝠"图案结合；龟鹤指长寿；牡丹寓富贵；鲤鱼跳龙门象征登科及第等。而神话传说与历史典故则是直接引用，取其佳意，体现儒家所提倡的教化。

从总体上看，题材的选用在相应程度上也反映出不同文化层次的审美要求。徽商"虽为贾者，咸近士风"，是一个素质较高的地缘性商人群体。当时，儒家的道德规范已深深地影响着徽商的行为。文化水准较高的徽商直接从宋明理学中汲取道德的启示，力图实现王阳明所孜孜提倡的"四民异业而同道""士商异术而同志""虽终日做买卖，不害其为圣贤"的主张，追求"行者以商，处者以学"的处世原则，并且要求子孙发奋业儒，以取得功名，力图拉近与儒学的关系。徽商的这种心态和行为使得徽州民居中的雕饰成为儒家文化的集中体现。因此徽州雕饰的图案除了传统的寓意吉祥的题材之外，更多的则倾向儒学的教化。这些雕刻不仅反映了传统道德、伦理以及人们的生活信念和价值取向，它们还潜移默化地传播了传统教化思想，起到了文化普及与审美陶冶的作用。在这种环境里成长起来的人在不知不觉中接受了这种文化的熏陶。将哲学、宗教、自然崇拜以及伦理道德观自觉和不自觉地融于建筑的规划布局及建筑装饰。如山水草木图案，令人耳目清新，其主人想是心性高雅，有情寓天然之道；钟情于岁寒三友，琴棋书画之图的，定是诗礼书香之家。此外，在儒学思想中，中庸、忍让和忠、孝、节、义一样，是人们追求的美德。徽州雕饰图案中也屡屡出现一些昭示儒家的伦理道德观，体现封建礼教的图案。如琴棋书画，携琴访友，文人典故，诗书传家以及一些儒士生活的描写等。

2. 木雕

徽州木雕都出自民间艺人和能工巧匠之手，来自民间又回归于民间，无声的木雕反映了当时的社会现实，表现了古时各阶层的社会状况，给人返璞归真的联想。我国美学大师王朝闻曾经这样说过："尽管通俗，格调却并不低。"徽州木雕始于宋代，在明代初年，徽州木雕已初具规模，雕风拙朴粗犷，以平面淡浮雕手法为主。当时由于徽商崛起，受儒家传统文化的影响，在他们发家致富后，纷纷回乡建筑豪宅，在内部以木雕技艺进行装饰，形成了徽州民居木雕艺术装饰的风尚。

徽州木雕大多保持天然质地，很少在表面涂漆和喷料，保持着木材本来的纹理和色彩，这体现着一种质朴、厚重之美。老子认为，

"五色令人目盲，五音令人耳聋"，可见这受到老子思想的影响，但这与徽商的勤劳踏实、诚信待人的品格和徽州浓厚的文人气息的浸染也有很大关系。明代初年，徽州木雕已初具规模，雕风拙朴粗犷，以平面淡浮雕手法为主。明中期以后，徽商的财力得到增强，炫耀乡里的意识日益浓厚，木雕艺术也精益求精，并逐渐向精雕细刻过渡，多层透雕也取代了平面浅雕。清中期以后，更加追求木雕装饰的美感，穷极华丽，虽是精工，但有时反而会显得烦琐。民国时，由于受到绘画的影响而呈现出较强的写实性。

徽州木雕制作的过程首先根据安置的部位进行构思，然后经过取材、出坯、描图、粗雕、出细、整理等工序。在截取树材后，用笔勾画出图案轮廓，按照构图粗雕出立体图案的雏形，然后精雕细镂。雕刻时尽量做到手到心到，气韵要好，构图完整，形象逼真，线条流畅，棱角分明，刀法洗炼，转折灵活。完工后再整体修饰，直到满意为止。徽州木雕是根据建筑物部件的需要与可能，既考虑美观，又要重视实用，采用圆雕、浮雕、透雕等表现手法。木雕在徽州历史建筑上，通常用于架梁、梁托、斗拱、雀替、檐条、楼层栏板、华板、住棋、窗扇、栏杆等处，特别是沿天井四周一圈齐整的裙板，是明宅装饰大显身手的地方，雕花篆朵，富丽堂皇。木雕的边框一般又都雕有缠枝图案，婉转流动、琳琅满目。材料多用原柏、梓、椿、银杏、楠本、榧树、甲级杉树等特种木材建造。为炫耀木材品质的高贵，均不加油漆，以免影响雕刻的细部，同时可以显现出木材的本色柔和及木纹的自然美。在窗子下方、天井四周上方栏杈、檐条，采用浮雕较多，在梁托、斗拱、雀替以及月梁上使用圆雕较多。在家具方面，应用木雕较多的床与衣橱，主要用高级木材制作，一般均用朱漆和金箔装饰木雕的表面，使其更加鲜明生动。

　　木雕装饰主要表现在内部建筑的重要部位上，为梁枋、梁架、斗拱、雀梁、扇窗、扇门、栏板、栏杆等部位以及桌、椅、凳、案、几等家具装饰上。明代的木雕装饰整洁明快，线条粗拙奔放，图案较简单，多呈菱形、方格形、回纹形等几何图案。清代的木雕日趋精细，宏村承志堂的厅堂雕饰表现在梁枋雕刻极为精细，如木雕图案"唐肃宗宴官图"，长约六尺，高一尺余，上雕四张八仙桌，众官员坐、站、行、立姿态各异，图东西两边有服务人员，东边烧开水的手拿蒲扇扇风炉和西边理发的坐在高凳上给官员挖耳朵。每个图案线条清晰，构图饱满，行止逼真。在五、六分厚图案中，雕出六、七个层次，其构图之精巧，造型之生动，堪称现存徽州木雕中的精品，让人叹为观止。

　　徽州木雕是一种民间艺术，更是民间社会生活的真实写照。它不仅雕刻生动可爱的动物，还记录当时的社会生活，与我们的日常生活密切相关。另外，我还认为徽州木雕与徽商具有不可分割的关系。因为，第一、徽州木雕是随着徽商的发展和强盛而逐渐兴起的，可以说是徽商的发展为徽州木雕的兴盛提供了经济支撑。第二、徽州木雕与徽商不可分割。一方面，木雕是商人的承载物，在一定程度上反映着徽商的生活和精神。歙县黄村一家民宅的木雕画的内容是一年轻妇人倚栏眺望，一个男子夹着伞，背着包袱，从山道上走来，这是反映徽商在外经商回家的"商旅回归图"。另一方面，徽商是徽州木雕发展的动力。在清末时候，随着徽商的衰落，徽州木雕也受到影响，渐渐失去以往的活力。

在今天，徽州木雕数百年来依然坚守着它的地位，展现着它的魅力，虽然在中国不如"四大名雕"（浙江东阳木雕、广东金漆木雕、温州黄杨木雕、福建龙眼木雕）出名，却经受住了大自然和人类文明的考验，数百年来依然耸立，笑领风骚。它不仅体现着徽州劳动

人民的智慧与伟大，更是我国文化宝库中的瑰宝，值得专业人士去不断琢磨学习！近年来随着文化事业的不断发展，不计其数的国内及欧美、日本、东南亚等地建筑学界的学者和其他方面的专家来徽州考察"三雕"艺术，使得徽州木雕大量出现在人们的视野中。更多的专业、非专业人士感受到了徽州木雕的魅力与色彩，深深地喜欢上了这个徽州独特的文化艺术品。

当我们走进徽州，走进雕刻的世界，进距离地接触这些徽州木雕，仿佛看到了当时人们的生活状况。人们的安逸之乐，在我们的眼前复活了一个个古老而美丽的故事，这就是徽州木雕的情趣！原徽州辖区的县内木雕精品随处可见，如西递、宏村保留下来的明清徽州木雕，已成为世界文化遗产的一部分，并被载入世界文化史。还有祖传是徽雕世家的胡善云，其成立的"徽州之家"在安徽乃至全国及国外皆闻名。

3. 砖雕

砖雕艺术的起源，可追溯到原始社会。据考古发现，西周至春秋时期的建筑用陶上就出现了绳纹、双钩纹和方格纹等。战国至秦汉，除大量使用模印和刻划瓦当外，画像砖异军突起，砖雕艺术趋于成熟。四川出土的庭院画像砖不但内容充实，刻画细腻，甚至采取了中国画的散点透视法，把不同视点所看到的景物组合在同一画面里。这种高超的手法，为以后徽州砖雕的浮雕、透雕等立体刻画技法打下了坚实的基础。

历经几百年的发展与传承和一代代砖雕艺人们的不懈追求，徽州砖雕的技法，已经逐渐达到了鼎盛，以至于后人对徽州砖雕做出了"天工人可代，人工天不及"的评价。

4. 砖雕

砖雕通常保留砖的本色，不另行染色，但也有少量砖雕经彩绘处理。因此雕花匠需要刻出多个层面，利用光照产生的阴影加强艺术效果。明清是砖雕发展的高峰，匠师可以在厚度不及寸的方砖上透雕 9 个层面。而青砖以外的砖材由于材质关系，所雕出的层面不及青砖多。砖雕大多作为建筑构件或大门、照壁、墙面的装饰。由于青砖在选料、成型、烧成等工序上，质量要求较严，所以质地坚实而细腻，适宜雕刻。在艺术上，砖雕远近均可观赏，具有完整的效果。在题材上，砖雕以龙凤呈祥、和合二仙、刘海戏金蟾、三阳开泰、郭子仪做寿、麒麟送子、狮子滚绣球，松柏、兰花、竹、山茶、菊花、荷花、鲤鱼、福禄寿禧文字等寓意吉祥和人们所喜闻乐见的内容为主。在雕刻技法上，主要有阴刻（刻画轮廓，如同绘画中的勾勒）、压地隐起的浅浮雕、深浮雕、圆雕、镂雕、减地平雕（阴线刻画形象轮廓，并在形象轮廓以外的空地凿低铲平）等（见雕塑工艺品）。民间砖雕从实用和观赏的角度出发，形象简练，风格浑厚，不盲目追求精巧和纤细，以保持建筑构件的坚固，能经受日晒和雨淋。

徽州砖雕的艺术特点，体现了中华民族传统朴素的美学风格，古朴典雅，做工精细。在雕刻技法方面通常采用浮雕、透雕和镂空雕，徽州砖雕的工艺步骤可以分为选材、画稿、放样、打坯、出细、修神、修补、过刀，共八道工序。

（1）第一道工序——选材

砖雕选用当地砖窑烧制的普通建筑用砖为材料，砖的品质决定着作品的成败，所以选材不能有丝毫的差错。有经验的师傅在长期的实践中,总结出了一套鉴别砖材优劣的技巧。一个就是听声音选砖,这个声音蛮好的,再剔一下,这块砖就行了。这个砖已经裂了,它里面有破损了,这块砖这个声音就不对了。有一些是内裂,内裂就要靠声音来知道砖的好坏。颜色就比如讲这幅作品,以这个颜色为主,那么这几块砖呢,它(颜色)都相当接近,颜色接近,这一、二、三、四、五,色差上没问题,那么这一块色差就不行。有人曾把徽州建筑比喻成一幅素雅而又意味深长的水墨画,粉墙、青瓦、马头墙,是构成徽州建筑风格的重要元素。而青砖的颜色,恰恰成为这种素雅风格的主体。色彩简单,沉稳大气,符合中国人的传统审美标准。除了色彩一致以外,砖的硬度也很重要。太硬不容易雕刻,太软则很容易风化。绝大多数砖雕作品都暴露在空气当中。因此,如果材质太软,则很难保存长久。正因为历代砖雕艺人们认真严谨的创作态度,才使得我们今天仍然能看到,历经几百年风雨侵蚀,古代砖雕大师们保存完好的艺术杰作。

（2）第二道工序——画稿

砖雕所表现的主要内容是人们喜闻乐见的戏曲故事、民间传说、祥兆吉语、花草动物,如"三英战吕布""五福捧寿""荣华富贵"等。而在进行雕刻之前,首先要在纸张上面进行画稿。画稿时使用的纸张并没有特别要求,用普通的白纸就可以。画稿通常要进行两次,先用铅笔画出初稿,画初稿的目的是勾勒出图案的轮廓,因此不要求精细;在初稿画好的基础上用水笔进行定稿,定稿最终要指导雕刻的始终。因此,景物的分布、人物的神态都要做到准确的定位。画稿属于砖雕的设计工作,步骤并不复杂,但要求创作者具有一定的美术功底,如果不具备画稿的能力,可以借鉴一些民间常用的吉祥图案,或进行工笔画的学习。定稿后,用橡皮擦去初稿时的铅笔印,这样,画稿就完成了。

（3）第三道工序——放样

把画在纸上的画稿，转移到砖材上。在进行这一步工序之前，需要先进行一系列的准备工作。首先，将砖面用水浸湿，通常采用的方法是用毛刷将砖面刷湿，水分浸入砖体 2 ~ 3mm 即可。然后配置石灰水，用随手的工具敲打石灰，避免出现粗糙的颗粒，按照石灰与水 1 ：6 的比例进行调配。最后将调配好的石灰水均匀刷在砖体表面。等到砖面的石灰略干之后，就可以在上面勾勒样稿了。将画稿平铺在砖体刷满石灰水的一面，用铁笔进行勾描，这样可以轻而易举地把画稿拓在砖面上。但要注意，使用的铁笔不能太尖利，以免划破画稿。另外，还要将画稿与砖面对齐的四个边进行折叠，以固定画稿在砖面上的位置。这一步和画稿阶段的初稿一样，以勾勒样稿的轮廓为主；轮廓勾勒好了，再按照画稿用铅笔把细节描绘在砖面上。放样完成后，就可以开始雕刻了。

（4）第四道工序——打坯

徽州砖雕所使用的工具，以刀和凿为主。另外，木制凿柄和凿棒也是必不可少的工具。凿的特点是，凿头较宽，并且相对圆滑。而刻刀的刀头则比较尖锐。与刻刀不同，凿的尾部通常是空心的，便于连接木制凿柄。木制凿柄和凿棒的使用，可以增加雕刻的力度，是去除大面积多余砖体时必备的工具。而在进行比较精细的雕刻时，就必须使用刻刀了。根据雕刻图案大小的不同，刻刀的长度、刀口的宽窄及薄厚各不相同。雕刻面积较大的部位，使用刀口比较宽厚的刻刀，相反，则使用刀口比较细窄的刻刀。一般情况下，雕刻一件砖雕作品，通常会使用十几把刻刀。这些大小不同的雕刻刀，在进行砖雕创作的过程中，发挥着各自的作用，我们将会结合具体的雕刻步骤，详细讲解。打坯是将图案当中没用的部分去除掉。这是砖雕过程中的一道基本工序。首先，用刻刀将要打掉部分的大体轮廓刻出来，这样，使其一目了然，以免出现误打。轮廓刻好后，用手凿和凿棒进行打坯，凿棒的作用是敲打手凿，制作凿棒所用的木材必须质地坚硬，如檀木、枣木或桃木等。凿棒的外形可根据砖雕艺人的习惯有所不同，也可以用普通的锤子代替。敲打过程中要控制好力度，砖的质地有别于石和木等材料，用力过猛会使砖体破裂。因此，砖雕过程始终要保持心态平和，切忌急躁。任何一件砖雕作品，都是在经历过无数次敲打后，才破茧而出的。徽州砖雕通常采用浮雕、透雕和镂空雕。即使是浮雕，也必须使雕刻的深度达到2cm以上，只有这样，才能表现出立体感。很多砖雕作品，为了增强表现力，以及内容的需要，通常要刻出两到三层。其中还会夹杂着透雕和镂空雕。这种多层次的雕刻，要求砖雕艺人必须对作品进行全面的考虑和布局。当最上面的一层打坯初步完成后，用长柄凿对其进行清理，使层面平整。长柄凿的作用是借助肩膀的力量，对作品进行雕凿，以增加雕刻的力度，但不适合雕刻细节。所以像这样大面积的雕刻，长柄凿是最理想的工具。第二层、第三层的打坯，要根据画稿再次用铅笔进行勾描，然后再进行更深层的敲打，直到打坯完成。

（5）第五道工序——出细

出细是在打坯的基础上雕刻出细节，对作品的整体风格进行把握的同时，透雕、镂空雕和开脸等工序也要在出细中完成。针对这件作品，我们首先来看松枝的雕刻。先将要施刀的一团团松枝处理圆滑。在出细过程中要掌握的技巧是，用不拿刻刀的那只手的指尖顶住刀柄，以控制刻刀的发力方向，从而更好地掌握雕刻的细节。每一团松枝的中间需要打孔，用双手来回搓动铁笔，让铁笔尖在砖头上转动，这项技法叫作转刀。转刀也是徽州砖雕的一项基本技法，徽州砖雕中常见的镂空雕，同样需要用到转刀。对树干的镂空，因为打孔面积稍大，可将铁笔换成刻刀，这一点由雕刻者根据实际需要，选择适宜的工具。要达到镂空的目的，除了使用转刀，还要将下部掏空。当中间的部分薄到两三毫米厚时，便可以一刀穿透了。此外，徽州砖雕当中的很多人物或景物，都需要将下部的一部分掏空，使其局部脱离砖体，从而更加立体、生动。这种雕刻技法，叫作透雕。人物的衣褶部分比较圆滑，类似这样的地方，都要使用圆刀来处理。开脸首先要掌握好人脸和身体的比例，其次是面部的局部比例，一旦比例失调，就会破坏整幅作品的协调和美感。由于人物的面部细节，比其他部位更加圆滑和复杂，所以这一环节的处理，不能完全对照画稿，而需要砖雕艺人根据每一件作品，灵活掌握和发挥。开脸也是整个出细过程中最关键的环节，因为一幅作品的传神和动人之处主要体现在人物的神态。而能准确把握这一方法的关键，除了用技法，更多的是对生活的感悟，以及对身边人与事的观察。

（6）第六道工序——修神

对雕刻作品中的人物精雕细琢，以达到传神的目的，这一步，叫作修神。砖雕作品中的人物是否传神，是衡量作品水平的一个重要标志。有幅砖雕作品的名字叫作《板桥喜竹》，作品中出现了多个人物，每个人物的表情都各不相同。这些神态各异的人物，构成了一幅完美和谐的画卷。在我们演示的这件作品当中，左侧老者眼神的雕刻没有到位，按照作品内容的需要，老者的眼睛应该看着对面的对弈者，这是一处需要修改的地方。然而这种修改，只有少数技法过人、阅历丰富的砖雕艺人才能完成，因此将其独立成一个环节。在一件砖雕作品中，其人物的神九成在脸，而脸上的神十成在眼，所以修神首先要修人物的眼睛。为了突出作品的主题，老者要有沧桑的面容和淡定自若的神态。用刻刀将眼睛打深，眼角拉长，这样使他显得高深莫测，突出了老人的沧桑感。

（7）第七道工序——修补

砖材内部存在很多大小不一的气孔，它们在雕刻过程中外露出来，会形成不可避免的瑕疵，因此必须事后进行修补。首先要对已经成形的砖雕作品进行过水浸泡。将整个砖雕浸泡在水里，直至不再冒出气泡为止。在浸泡的同时进行砖药的调制，砖药是一种特制的混凝土，用于修补砖雕作品中残缺的部分。用青砖研磨出砖粉，然后将砖粉、白水泥和普通水泥，按照 1：1：1 的比例进行调配。这样的比例，调配出来的砖药既具有水泥的牢固性，又保证了青砖的色彩，不至于在修补后留下痕迹。水中气泡消失后，将砖雕作品取出晾干，这期间将调配好的砖药以 2：1 的比例与水调和。需要特别注意的是，调和好的砖药会在一定时间内凝固，因此尽量在浸泡砖雕作品的同时进行砖药的调配。当浸泡过的砖雕作品晾干，并不再有水分沥出时，就可以进行修补了。修补规则：像针眼大小的孔隙就不用修补，留下一些砖眼反而能够体现出作品古朴的风格；其他残缺的部位依次用砖药进行修补。

（8）第八道工序——过刀

修补后的作品在阴凉处放置 48 小时左右，让整个砖体完全干透。晾干的时候，不能在阳光下曝晒，以免作品变形开裂而损坏。当作品干透以后，就可以过刀了。过刀就是将修补时留下的痕迹清除，使砖雕表面平整。同时，先前雕刻的细节如有瑕疵，或不满意的地方，也可以在这一步进行最后的修改。如果砖雕艺人对作品已经满意，就可以用砂纸打磨砖面了，使其更加平滑，当这一步结束之后，整个砖雕作品就算完成了。

砖雕是徽州盛产质地坚硬的青灰砖上经过精致的雕镂而形成的建筑装饰，广泛用于徽州风格的门楼、门套、门楣、屋檐、屋顶、屋瓴等处，使建筑物显得典雅、庄重。它是明清以来兴起的徽州建筑艺术的重要组成部分。砖雕有平雕、浮雕、立体雕刻，其用料与制作极其考究，一般采用经特殊技艺烧制、掷地有声、色泽纯清的青砖为材料，先细磨成坯，在上面勾勒出画面的轮廓，凿出物象的深浅，确定画面的远近层次。然后再根据各个部位的轮廓进行精心刻画，局部出细，使事先设计好的图案——显现出来。砖雕在歙县、黟县、婺源、休宁、屯溪诸地随处可见。古老民居、祠堂、庙宇等建筑物上镶嵌的砖雕，虽经岁月的磨砺，风雨的侵蚀，它们依然是玲珑剔透，耐人寻味。砖雕是在一定的器形内布置一个或一组恰当的纹饰，既要考虑砖雕本身的精美，又要考虑建筑整体的和谐统一，因此，无论是题材还是技法都要力求完美。

明代砖雕的风格过趋粗犷、稚拙而朴素；明末清初，由于富商们对豪华生活的追求，因此清代砖雕的风格渐趋细腻繁复，注重情节和构图，透雕层次加深。在见方仅尺，厚不及寸的砖坯上雕出情节复杂，多层镂空的画面，从近景到远景，前后透视，层次分明，最多有9个层面，令人产生精妙无比的美感。

　　歙县博物馆藏有一块灶神庙砖雕，见方仅尺的砖面上，雕刻着头戴金盔，身披甲胄、手握钢锏的圆雕菩萨，据考证这块精美绝伦的砖雕动用了 1200 名工匠，堪称徽州砖雕艺术的经典作品。

（9）砖雕图案寓意

以如意·柿子万字组成：寓意为万事如意。

以牡丹·白头翁组成：寓意为富贵白头。

以葫芦·蔓藤组成：寓意为子孙万代。

以蝙蝠·石榴组成：寓意为多子多福。

以花瓶·月季花组成：寓意为四季平安。

以鹌鹑·菊花·枫叶组成：寓意为安居乐业。

以牡丹·海棠组成：寓意为富贵满堂。

以松树·仙鹤组成：寓意为松鹤延年。

以松树·仙鹤·梅花组成：寓意为鹤鹿同春。

以梅花·喜鹊组成：寓意为喜上眉梢。

以狮子组成：寓意为事事如意。

以梅花·兰花·竹子·菊花组成：寓意为高洁清贞。

以月季·荷花·牡丹·玉兰花组成：寓意为富贵平安

5. 石雕

古代徽州石雕，古朴而稚拙，接近汉代砖雕的风格。造型浑圆结实，承接了明代遗风，简朴中富有变化，用线简练挺拔，粗放刚劲，人物形象适度夸张。到清朝后期趋向缜密，精巧而繁复，以精细为时尚，但有的人物过分雕琢，力度感削弱。到民国时期，构图上受平面绘画的影响，写实味浓而民俗味减弱。在雕刻工艺上，明代较单调，只有浅浮雕、深浮雕、圆雕等几种。清代，在前者的基础上发展了透雕，凹雕，线雕和多层浮雕，形成并举的局面。在雕刻的题材上，清代注重情节和典故，民俗题材更加普遍，内容更为多样化。

石雕主要用于寺宅的廊柱、门墙、牌坊、墓葬等处的装饰，属浮雕与圆雕艺术。享誉甚高的徽州石雕题材受雕刻材料本身限制，不及木雕与砖雕复杂。徽州石雕在雕刻工艺上，浮雕以浅层透雕与平面雕为主；圆雕整合趋势明显，刀法融精，古朴大方，没有清代木雕与砖雕那样细腻烦琐。坦西递凝瑞堂大道旁有一对保存完好的黟县青大理石石雕宝瓶，其瓶身所饰山水云雾花纹图案，采用了浮雕与镂空雕刻相结合的手法，令人叹为鬼斧神工。

徽州地区多山，皖南黟县更是在群山之中，因此徽州石雕取材来源主要有二：一是青黑色的黟县青石，二是褐色的茶园石，色泽有别，观感亦有差异。具有代表性的有黟县西递村宅居和胡文光刺史牌坊、歙县许国石坊、休宁县汪由敦墓地诸处的石雕。石雕精品比较常见的是宅居的门罩、院墙的漏窗和各种石牌坊。西递村"西园"中有一对漏窗，左为松石图案，奇松从嶙峋怪石上斜向伸出，造型刚劲凝重；右为竹梅图案，弯竹顶劲风，古梅枝婆娑，造型婀娜多姿，刀工精美至极，堪称石雕艺术精品。歙县北岸吴氏宗祠天井水池后壁上方，镶嵌着一副石雕百鹿图，由9块石料雕就拼成，采用圆雕、透雕、浮雕技巧，立体感很强。有栩栩如生、大小不等的一百只山鹿；有石壁生辉，矮而粗壮的黄山松；有重重叠叠、高高低低的奇岩怪石；有淙淙流淌、弯弯曲曲的小溪；有路旁溪畔、疏疏密密的小草；有飞鸣啼叫，前后觅食的小鸟，宛如一幅清新隽永的深山野趣图，可谓徽州石雕一绝。石雕材料低廉，但因为融入了石雕艺人的高超技艺和文化精髓，而深受文人雅士的喜爱，在异彩纷呈的艺术品市场上，许多精美的石雕作品正在慢慢让世人所了解，在大众面前展现它永恒的艺术魅力。

徽州石雕究其风格，人物造型生动逼真，画面注重张力。整个石雕构图饱满，雕刻粗犷，浑圆，奔放，极具古朴的艺术风格。特别是人物写实功力令人惊讶，栩栩如生，造型灵动；构图布局直奔主题,把复杂的过程加以简化,突出最能代表人物或者事物的特征,采用十分简约的手法,把其勾画出来,给人一种举重若轻的艺术感受。在雕刻艺术上,有的雕刻过程有如杂技表演一样,追求千锤百炼的雕凿功夫。在雕刻工艺上,有的粗放,有的纤细,有的简约,有的缜密,有的追求刚劲,有的追求浑圆奔放,线条柔和呈现出雕刻工艺的多元化。

刺史牌坊是明万历六年(1578)明神宗皇帝特允许兴建牌坊一座,以示皇恩和表彰。这座造型巍峨的三间四柱五楼石雕牌坊,高 12.3 米,宽 9.95 米。用优质黟县青石建造,是黄山市现存单体牌坊中规模最大的。牌坊东西两面横额上书"荆藩首相""胶州刺史",字体苍劲端庄,东西二楼上分别刻有"登嘉靖乙卯科奉直大夫(朝列大夫)胡文光"

字样。牌楼上雕刻有游龙、麒麟、孔雀、仙鹤和八仙图。牌坊中间两侧石柱上前后盘踞着倒匐的石狮雕像，给牌楼增添了几分威严。全坊前后有 16 只大大小小的石雕狮子，这些雕品图刻都寓意着丰富的内涵。再如檐下斗拱两侧饰有 32 个圆形花盘，即意寓胡文光为官年数，有借以感谢皇帝对他的赏识。

宏村二楼上分别雕刻"荣禄第乙的科举大夫（明朝大夫）、胡文光"字样。

　　石雕的图案题材丰富多彩。多以吉祥福禄寿喜的图案为主，内容广泛，诸如历史故事、风俗民情、文化娱乐等。具体的图案有日月天象、人物、动物、植物、器皿、建筑风物、风景名胜等。

　　表现人物活动的石雕图案尤为细腻。上至帝王将相，下至平民百姓，讲究的是国泰民安，表现的是欢乐场面。

　　徽州民间历来崇尚福禄寿喜。福，是有德、善良、百顺的意思。民居大门外照壁上可以写上一个大福字，或镶嵌砖石雕的福字。《尚书洪范》称五福为：一曰寿，二曰福，三曰康宁，四曰修好德，五曰考终命。福为万民所求。《说文解字》云："寿者，久也。"有副对联："福如东海，寿似山长。"意为福泽浩荡，寿似山长。高寿老人子孙满堂，益寿延年，福荫绵绵。禄，古代称官吏俸银为禄，既经济充裕，衣禄丰足，生活美满。喜，幸福、喜庆的意思。这些都是人们的种种期盼，通过不同各种手段，追求美满幸福生活。所以雕刻的人物大都为吉祥如意、福禄寿喜图案。《陶渊明归隐图》中陶公游乐林下，官帽放在小桌上，圆鼓凳造型逼真细致，方桌摆花盆。陶公悠然自得，荷叶作杯花杆作管，一少年在悠悠倾酒，老人仰首喷吸。笑貌喜容似醉非醉，不醉亦醉。常见的还有百官会宴图、渔樵耕读图、琴棋书画图、八仙过海图；以及民间爱情故事，如西厢记、梁祝之会、红楼梦图等；还有名著故事场面和唐诗宋词写意图。如刘关张三结义、西施浣沙、黛玉葬花、薛仁贵征西、忠孝图等。所雕刻的人物喜怒哀乐，动静行止，情节生动、形象逼真、构图饱满，有时甚至毛发衣褶分明，音容笑貌栩栩如生。

　　以花卉果木为题材的图案也不少。古语"石榴多结子，丹桂广生枝"。石榴、丹桂、葡萄等组合的图案表示子孙满堂；牡丹是"群花之王"喻示富贵万代；佛手、碧桃、石榴雕刻在一个画面上，佛与福谐音，仙桃意喻长寿，表示多福多寿多贤子；荷花出淤泥而不沾，表示美丽纯洁，莲子喻示"连生贵子"；葫芦串串比喻子孙相传绵绵不绝；梅兰竹菊表示四君子；水仙花象征神仙；冰梅怒放象征苦寒尽春光来；桃花妖艳，表示美丽，有喻为花魂，有表示多结子、男才女貌。黄山松骨铮枝繁凌风而立，喻示经得起风霜；松柏梅暗喻尊老为贵，健康长寿。这些图案含意十分深刻、含蓄。

以动物为题材的飞禽走兽品种繁多。《后汉书灵帝记》说天鹿是神话中的兽名，天鹿是神善之兽，又因"鹿"与"禄"谐音，所以"鹿"与"禄"在民间装饰图案中几乎同义。鹿的题材备受尊崇，有五鹿图、飞鹿图、松鹿图等，鹿与蝙蝠在一个图案里又表示百福百禄。狮子是百兽之王，威猛神骏能驱邪镇凶，经驯化后又是对人非常友善的动物，人们逢年过节喜欢用竹条扎成狮头，做狮子滚绣球的娱乐。"狮"与"师"同音又表示大师之意，飞黄腾达，升官发财。所以石雕图案中狮子图很普遍。腾狮、卧狮、奔狮、大狮小狮、狮子滚球，图案纷呈，喻示家业发达，飞黄腾达。麒麟是吉兽，麒麟送子，表示子孙繁茂，事业有成。骏马的题材也不少，八骏马、十骏图，或奔、或卧、或鸣、或顾、或盼，形态各异，甚至有插飞翅的飞马图案，有蒸蒸日上的意思，想象力十分丰富。龙的图案在民居梁柱上谨用，原因是龙代表皇帝，稍有不慎，有犯上之嫌；但满顶床床牙上大胆采用龙凤呈祥图，这表示游龙戏凤，夫妇和谐。十二生肖里的动物，如虎、牛、羊、猴、狗、兔等也时有出现，鼠很少见，但松鼠攀葡萄图不少，十分逗人喜爱。飞禽如相思鸟、喜鹊、仙鹤也是常用的图案。特别是喜鹊用得最多，意为喜鹊报喜，喜庆欢乐。

以动物、花木、图案为内容的，一般呈连续图样形式，亦能独立成画，歙县黄村一家民宅，在梁、枋、檩、斗拱、雀替上全部精雕细刻，装饰着灵兽、百鸟、蝙蝠和回纹图案，布局严谨，造型优美。楼下围着天井的24扇缕花隔扇门，上半部是连续图纹漏窗，下半部是浮雕花鸟隔板。连接上下两半部的中间横板，全雕着戏曲故事，内容皆出自《三国演义》戏文。在堂前右侧登楼的门口上方有一幅

用浮雕与镂雕相结合的木雕画，背景是山石岗峦、竹林曲径，画中
有一位年轻妇人倚栏眺望，一个男子夹着伞，背着包袱，在山道上
走来．这是一幅反映建房远祖在外经商发迹回乡的"商旅回归图"。
画面人物长仅盈寸，却刻得眉眼毕现，栩栩如生，倚栏妇人疑眸远望，
神态忧戚而专注，流露出盼人归来的脉脉情思；行旅男子则是风尘
仆仆，行色匆匆，归心似箭。整幅作品构图精巧，造型生动，堪称
现存徽州木雕中的精品。

　　徽州石雕善于把理想的事物和现实的东西结合起来，处理理想
的事物有现实的基础，处理现实的事物又有理想的意境。如木雕中
民俗题材"龙腾虎跃""麒麟送子"等。讲究表现气势，虎的奔腾如

飞，在腿和身体两侧刻画出"火苗"形象，给人以飞动，快捷感。有从美好的愿望出发，把不同时间、地点甚至两种生活中的相容的东西组合在一起，形成一种新的可视形象。徽州学学会常务理事、安徽歙县作家协会主席张恺指出：徽州雕塑的艺术价值，体现在它的文化性，就是说内容表现得突出，体现出徽商的这种儒商的思想。比如说，它雕一个蝙蝠，蝠就表示有福，祈福，福禄寿，雕一个桃，就是献寿。

雕刻是徽州建筑的点缀和延伸，与古徽州文化密不可分，在旧属徽州各县分布极广，甚至无村不有，宅院内的屏风、窗楹、栏柱，日常使用的床、桌、椅、案和文房用具均可一睹雕塑的风采，这不仅说明雕刻匠师人才众多，技艺之高超，更能体现徽州古文化昌盛。如西递民居中除雕刻装饰外，在厅堂柱子上装有悬挂着木制、竹制的楹联"清风明月本无价，近水远山皆有情""几百年人家无非积善，第一等好事只是读书"。

第五章

徽州古村落建筑文化

　　卜宅、堪舆、青乌等，是一种古老的"山水之术"，属于中国传统民俗文化范畴，历史发展悠久，文化脉络深厚，是中国古人在长期适应环境的过程中为了寻求理想的生存居住环境而形成的一门学问。它集天文学、地理学、环境学、建筑学、园林学、伦理学、预测学、美学于一体，是天地之学，即堪舆学。"堪天道，舆地道"，是中华民族经过五千多年实践积累的宝贵的文化结晶，在中国历代环境艺术中都存在天地人合一的规范，本章结合宏村的建筑特点简要谈谈天地人合一在徽州建筑中的应用以及影响。在古代，都邑、村镇、宫宅、园囿、寺观、陵墓等从选址、规划、设计及营造，均受到天地人合一的影响，中国古典园林亦是如此。天人合一说理论的哲学基础就是"天人合一"的宇宙观，是一种人与自然关系的体现，它贯穿于中国古老哲学的始终，渗透到中国传统文化的各个领域。中国古代建筑受天地人合一影响最大的就是追求一个适宜的大地气场，即对人的生长发育最为有利的外环境。这个环境要山清水秀、风调雨顺。因为有山便有"骨"有水便能"活"。山水相匹、相得益彰。周易对徽州建筑也有很大的影响。古徽州是中国建筑一个发源地，徽州人传承了中原文化和新安文化。徽州人对中华传统文化有一种骨子里的热衷，中华民族的祖先文化已经深深融入他们的生活之中且代代相传。周易就是其中之一。

　　作为一种思想观念，天地人合一对中国古村落的选址产生了深刻而普遍的影响，是左右中国古村落格局的最显著的力量。古村落的选址，绝大多数都是依山傍水，或背山面水，或背山面田，或择水而居。天地人合一中形容"左青龙、右白虎、前朱雀、后玄武"为最贵之地。实则就是一个有山势围合形成的有利于藏风纳气的空间，是一个有山、有水、有田、有土、有良好的自然景观，并在心目中有神灵护佑的理想空间。

这种以大地山河为视觉图像，以神灵护佑产生安全感、归宿感的理想图像，形成了古村落特有的环境意象。

1. 建筑宅基选址

人类的生产、生活活动，自觉或不自觉地受制并反作用于周围的环境系统。人与环境的这种复杂的关系就是天地人合一理论的核心内容。《风水十书》中有"人之居处宜以大地山河为主，其来脉气势最大。关系人祸福最为切要。若大形不善，纵内形得法，终不全吉"。总的来讲，住宅环境选择的理想模式是：地基宽平，背山依水，交通方便，景色优美。

"凡宅，左有流水谓之青龙，右有长道谓之白虎，前有污池谓之朱雀，后有丘陵谓之玄武，为最贵之地"。我们单就景观和功能来看，也不得不承认它是一块好地方。左边有流水解决了饮用、洗涤的问题；右边的大道解决了交通行走的问题；前边的洼地解决了排水的问题；后边的山丘增添了田园气息，起到园林中的借景的效果。"凡宅，东下西高，富贵英豪。前高后下，绝无门户，后高前下，多足牛马。凡地，东高西低，生气降甚；东低西高，不富且豪；前高后低，必败门户，后高前低，居之大吉"。因为，宅基东低西高的话，可以增加庭院内上午的采光量，符合人们喜欢"朝阳"，避开"夕阳"的心理。而且这样还能阻挡冬季的西北风。前低后高，可以使房屋有一种居高临下的态势。

黟县宏村的形成历史。据《宏村汪氏宗谱》记载，南宋绍熙元年，宏村汪氏始祖经过此地，见这一带背有雷岗山耸峙，四周溪流环绕，形胜较佳。于是选择雷岗之阳，筑了数椽房屋住了下来，这便是宏村形成之始。当时这一带幽谷茂林，道路闭塞，邕溪沿雷岗山脚由西至东，村西另有羊栈河从北往南。汪氏祖先精通风水之术，认为两溪如能在村西交汇再向南流才是风水宝地，现在两水不交，是个缺陷。谁知到了南宋德佑年间，暴雨引起邕溪改道，与羊栈河在村西交汇并往南流淌，正合汪氏始祖的意思。水系的变迁为宏村提供了的发展根基，使整个村落呈背山面水之势。明永乐年间，为了使村落更符合天地人合一吉祥的观念，宏村汪氏三次聘请休宁县号称"国师"何可达，对村落进行总体规划改造。何可达花了十年时间，审视宏村周围的山川脉络，将村中一天然泉眼扩掘成半月形月沼，以储"内阳之水"而镇"丙丁之火"。并把村西邕溪之水转东流出村落。明万历年间，又因来水躁急，在村南开挖南湖，储"中阳之水"以避邪。同时将邕溪之水引入村落，经九曲十弯，贯穿村中月沼，穿过家家门口，再往南注入南湖。月沼南湖水系构成宏村形态的主要特征，而这一水系又是在风水先生指导下进行的，带有明显的风水吉凶观念。

2. 城市建筑规划

中国的建筑史，很大程度上就是天地人合一史。从西安半坡发现的 6000 年前的氏族村落，到《诗经·公刘》所载周朝祖先在 2000 年前的选址；从三国时期的铜雀台，到清朝的颐和园，无不渗透天地人合一观念。天地人合一作为中国传统文化的一部分被很好地传承和发扬了下来。建于宋末元初的丽江古城，以"四方街"为中心，四条主街和两条侧街均以四方街的四角和腰部辐射开，每条主街又分支出诸多小街小巷，形成逐层外扩的格局；同时街巷与古城水系的有机组合，形成了古城路网与水系相依相傍、水乳交融的城市特色，构成了丽江古城完美的城市布局。

皖、赣是徽州人家聚居地，随处可见客家的典型民宅——马头墙徽式建筑。天地人合一也按照中国古代阴阳五行、八卦九宫一类的宇宙图式来规划经营宅居环境，表征天人合一或天人感应的信仰，形成了中国古代建筑的显著性格和基本精神。中国天地人合一思想尽管受到当时落后的科学手段和物质技术的限制，仍然追求顺应自然，并有节制地改造和利用自然，追求人与自然协调与合作的意境。这种意境早于西方现代文明几千年登上了天人合一的审美理想的高峰。皖南古村落宏村基本保持了几百年前原有的风貌，齐整的青石板街巷，古式的木门板店面，伸向路中高耸的马头墙屋檐，以及街头巷尾架设的古朴石凳、石墩，几乎全是明清时期修建的。宏村首先利用村中一天然泉水，扩掘成半月形的月塘，作为"牛胃"；然后，在村西吉阳河上横筑一座石坝，用石块砌成有六十多厘米宽四百余米长的水圳，引西流之水入村庄，南转东出，绕着一幢幢古老的楼舍，并贯穿"牛胃"，这就是"牛肠"。"牛肠"沿途建有踏石，供浣衣、灌园之用。"牛肠"两旁的民居里，大都有栽种着花木果树的庭院和砖石雕镂的漏窗矮墙，以及曲折通幽的水榭长廊和小巧玲珑的盆景假山。弯弯曲曲"牛肠"，穿庭入院，长年流水不腐。然后在村西虞山溪上架四座木桥，作为"牛脚"。从而形成"山为牛头，树为角，屋为牛身，桥为脚"的牛形村落。月塘常年碧绿，塘面水平如镜，塘沼四周青石铺展，粉墙青瓦整齐有序分列四旁，蓝天白云跌落水中，老人在聊天，妇女在浣纱洗帕，顽童在嬉戏。后来的风水先生认为，从天地人合一学角度来看，月塘作为"内阳水"，还需与一"外阳水"相合，村庄才能真正发达。明朝万历年间，汪氏族人又将村南百亩良田开掘成南湖，作为另一个"牛胃"，历时 130 余年的宏村"牛形村落"设计与建造告成。"牛形村落"科学的水系设计，为宏村解决了消防用水，调节了气温，为居民生产、生活用水提供了方便，创造了一种"浣汲未妨溪路连，家家门前有清泉"的良好环境。所以有人称这里是"中国画里的乡村"。宏村建筑是徽州建筑中具有代表性的，真实反映了徽州建筑的特点，建筑组合灵活丰富，以砖木结构为主，青砖、青石、黑瓦、白灰是其建筑材料。幽静的山、街、巷构成一幅和谐的世外桃源画卷。宏村的设计规划，给我们现代改造和布局提供了良好的借鉴素材，它之所以能完整保存至今，与天地人合一的合理配置有着密不可分的关系。黟县宏村承志堂建于清咸丰五年（1855）前后，是清末大盐商汪定贵的住宅。全宅系砖木结构，砖木石三雕精美绝伦，尤以木雕为最。全屋有木柱 136 根，大小天井 9 个，7 处楼层，大小厅房 60 间，60 个门，占地面积 2100 平方米，建筑面积 3000 平方米，是一幢保存完整的徽州建筑，也是一座完全按照天地人合一标准构筑的建筑。沿中轴线，全宅分三进，前进为天井式庭院，中进和后进均为三间式厅屋。三进左右分别有活动室（烟房、麻将室）、马房、厨房、佣人室和回廊等辅弼护屋。承志堂两面为邕溪河，为取得宅门迎水的效果，故将大门转向朝西，突出迎水招财。

中国文化的特质是"天人合一"，同样，天地人合一文化追求的也是"天人合一"。徽州名居建筑中天井、庭园和翘起的檐角是建筑师追求"天人合一"境界的途径。对天井的规定是："横阔一丈，则直长四五尺乃以也，深至五六寸而又洁净乃宜也。"（《相宅经纂》）这就决定了天井不能太阔，因为"太阔散气"。徽州宅居中的天井，严格按照天地人合一的要求兴建，因此显得狭小。天井狭小，风沙尘埃对厅院的干扰也少，使南屋厅堂临天井一面门扇可以经常大开，或根本就不设门，与天井几乎是统一体。人们坐在厅堂内能够晨沐朝霞，夜观星斗，人与天融为一体。中国文化中的"天"，同样也是人文的"天"。徽州宅居天井中的木枧上有"天吉"二字，以示"天吉人祥"之意。前厅天井的木枧上是"天锡纯嘏"四字，《诗·鲁颂·闷宫》："天锡公纯嘏，寿眉保鲁。"郑玄注："纯，大也；受福曰嘏。""天锡纯嘏"即"天锡大福"。后厅和偏厅天井上还有"天受百禄"字样，意思是宅主家世代代有人在朝为官，享受官禄乃上天所授，这同"君权神授"的含义相同。那么，承志堂确可称得上是一座大富大贵的"吉宅"了。

3. 徽州建筑之美

天地人合一对建筑文化与建筑艺术有着深刻的影响，这种影响因时代、地域及所流行的天地人合一理论的不同而表现得复杂多样。徽州历史建筑包括徽州古民居、古街巷、亭台楼阁，还有具有徽州艺术特色的古宗祠、古牌坊、古寺塔等。比起其他风格流派的建筑艺术，徽州建筑更表现出对山水、自然景观的依赖关系。无论村落民宅、私家园林、祠堂庙宇，都力图同自然融为一体，保持与自然一致的和谐。徽州建筑艺人中有"无山无水不成居"之说。

明清徽州建筑布局，从总体上看，都是处于这种具有和谐美的自然环境之中的。因此徽州的天地人合一形成了特有的和谐美。而这种和谐美，也是筑基于阴阳五行运转不息的轨道之上的，因为，在古代徽州人看来，阴阳调和，五行生克，为徽州建筑天地人合一的和谐提供了永不枯竭的动力。这就是徽州建筑独特的自然秉赋。徽州建筑的美，也表现在徽州人与其所处自然环境的形式美的协调中。徽州许多村落有着秀丽的风景，它的方位、选址、经营发展均有特色。每个村落 500 米外的溪边路旁都有一片丛林，它如同影壁一样，将村内外两大自然空间分割开来。村落水口处总有某种建筑标志，构成人文景观。顺应自然、利用自然、装点自然，是我们研究天地人合一思想与徽州建筑艺术关系所得到的最大的启示。在天地人合一理论指导下建立起来的徽州民居尽量追求背山面水，在村落选址、环境建设、庭院布局等方面，用山水把建筑做活了。徽州及中国各地的民居具有浓郁的乡土气息和迷人的色彩，部分原因就在于它们都创造性地、程度不同地接收某种富有人情味的，以天人和谐为特色的建筑文化与建筑美学的指导。这种建筑文化与建筑美学正是天地人合一思想。

第六章
徽州历史建筑艺术欣赏

　　徽州的古建筑群集徽州山川风景之灵气，融风俗文化之精华，风格独特，结构严谨，雕镂精湛，不论是村镇规划构思，还是平面及空间处理、建筑雕刻艺术的综合运用都充分体现了鲜明的地方特色。尤以民居、祠堂和牌坊最为典型，被誉为"徽州古建三绝"。

　　徽州，特别是安徽黟县是我们学院重要的写生基地。转眼之间，为期十天的写生实践就已经结束了。在十天的安徽写生中，我们先后去了西递、宏村、南平、牌坊群、渔梁坝、鲍家花园徽州古城等。观看了并画了大量的徽州古建筑，收集了资料，开阔了眼见，为学习设计知识奠定了丰富的实践基础。通过写生我们学生认真做到了听、观、读、写、画，学到了很多专业知识。徽州，一个与历史隔得最近的地方——这是我写生10天来对安徽的整体感觉。

　　徽州建筑保留较完好的是西递跟宏村，每次来都会细细地去品味，以下徽州建筑速写是多年来写生创作的艺术作品，特分享出来望与广大师生交流学习。

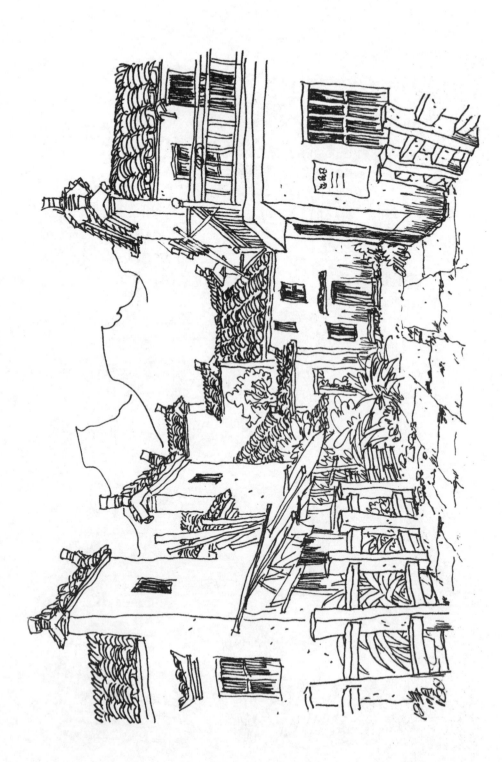

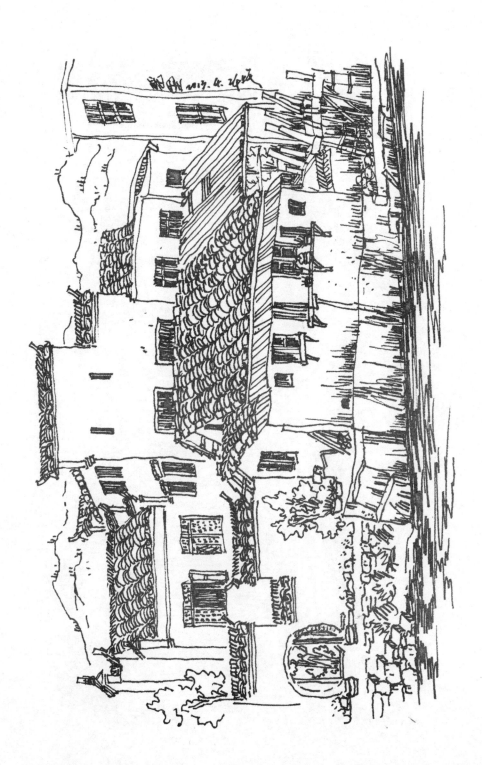

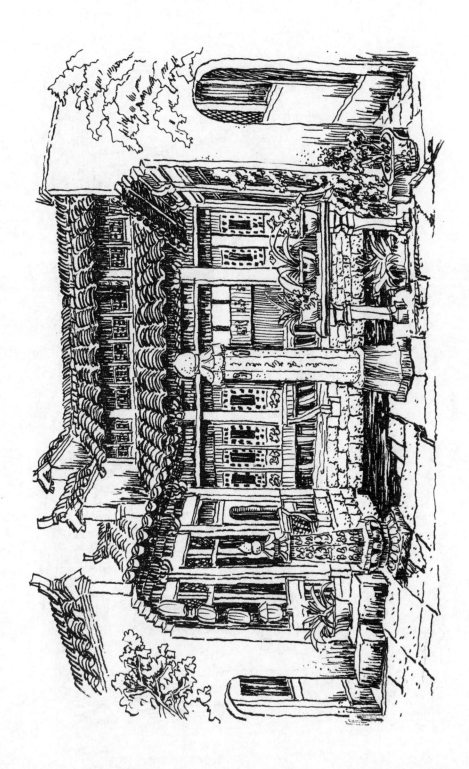